诗词中的美食

刘俞廷 著

包 旭 绘

中国旅游出版社

责任编辑：王欣艳 胡一鸣
责任印制：冯冬青
装帧设计：缤纷科技

图书在版编目(CIP)数据

诗词中的美食 / 刘俞廷著；包旭绘. -- 北京：中
国旅游出版社，2022.01
（古人的美好生活系列）
ISBN 978-7-5032-6816-8

Ⅰ.①诗… Ⅱ.①刘… ②包… Ⅲ.①饮食-文化-
中国-古代 Ⅳ.①TS971.2

中国版本图书馆 CIP 数据核字(2021)第 195731 号

书 名：诗词中的美食

作 者：刘俞廷 著 包旭 绘
出版发行：中国旅游出版社(北京静安东里 6 号 邮编：100028)
　　　　　http://www.cttp.net.cn E-mail：cttp@mct.gov.cn
　　　　　营销中心电话：010-57377108 010-57377109
　　　　　读者服务部电话：010-57377151
排 版：缤纷科技
经 销：全国各地新华书店
印 刷：北京工商事务印刷有限公司
版 次：2022 年 1 月第 1 版 2022 年 1 月第 1 次印刷
开 本：787 毫米×1092 毫米 1/32
印 张：6
字 数：92 千
定 价：60.00 元
I S B N 978-7-5032-6816-8

目录

I

目录

目录

目录

面食

馒

头

宋代的馒头并不是无馅料的面食，而是像今天的包子一样有馅。

岳珂的《馒头》所写的是宋代闻名遐迩的"太学馒头"。太学馒头是指太学食堂里专门为太学生准备的馒头。《茶余客话》记载宋神宗视察太学时曾体验太学生的伙食。吃过太学馒头后，宋神宗赞誉道："以此养士，可无愧矣！"太学馒头也因此美名远播，成为太学生回家访亲探友的赠送佳品。太学馒头也与今天仍然风靡的开封小吃"一品包子"直接相关。虽然岳珂是南宋人，但太学馒头从北到南都受到当时的人的喜爱。

宋代的馒头多为肉馅，《清异录》中皇帝喜欢食用的"玉尖面"馒头，甚至是拿极肥的熊肉和精心饲养的鹿的肉做馅料。《归潜志》和《独醒杂志》等笔记小说记载了宋代其余常见的馒头，如蟹黄馒头、猪肉馒头、鱼肉馒头、笋肉馒头等。由此可见，宋代的肉馅馒头口味之丰富，比今天的包子有过之而无不及。

太学馒头虽不像"玉尖面"那样奢侈，但从用料来看，也十分讲究。切成细丝的肉更容易入味，加入花椒等调味；蒸熟以后，肉馅饱满，蒸出的汤汁浸入面皮，吃起来香软可口。

馒头

南宋·岳珂

几年太学饱诸儒，余伎犹传笋蕨厨。

公子彭生红缕肉，将军铁杖白莲肤。

芳馨政可资椒实，粗泽何妨比瓠壶。

老去齿牙辜大嚼，流涎聊合慰馋奴。

(译)(文)

在太学学习的几年里，诸多儒生都吃了很多太学馒头，太学厨师的一点技艺就抵得上普通人家厨房的烹饪了。

用刀将红肉切成细丝，用擀面杖将和好的白面擀好。

在肉丝中加入花椒等一系列调料作为馅儿，再包上发面擀成的皮，如此做成的馒头细腻有光泽，堪比瓠壶。（瓠 hù，一种盛放液体的大腹容器。）

蒸好的馒头松软可口，即使是上了年纪没有牙齿的人也可以开口大嚼，太学馒头让人垂涎欲滴，正好抚慰嘴馋的人。

馄饨

宋人有冬至吃馄饨的习俗，当时有"冬馄饨，年馎饦"的谚语。（馎饦 bó tuō，面片汤。）

《武林外史》记载，冬至时，"贵家求奇，一器凡十余色，谓之'百味馄饨'"。唐代的烧尾宴中有"生进二十四气馄饨"的记载，其"花形、馅料各异，凡二十四种"，意在与二十四节气相配。其制作技艺高超，极富视觉审美享受。从"百味馄饨"和"二十四气馄饨"可见当时权贵人家准备和食用馄饨的盛况。同时，馄饨也是普通人家的日常食物。

食物能带给人以安慰。梅尧臣的《江邻几邀食馄饨学书谩成》便是被邻居邀请吃热馄饨而产生的颇多感慨。在天气已经寒凉时，一碗热馄饨尤其让诗人觉得温暖。诗人勉励自己和邻人，不必因为遭遇过人生中的挫折而变得杯弓蛇影、寥落自怜。曾经与亲友共度的美好时光可以调和生命的苦涩。

因此，面对温暖、美味的食物，不必过于思虑，不如与友邻一起，共享美食。其余无复道，"努力加餐饭"。

江邻几邀食馄饨学书谩成

北宋·梅尧臣

老肌瘦腹喜食热，况乃十月霜侵肤。

与君共贫君饷我，吹齑不学屈大夫。

前时我脍斫赪鲤，满坐惊睨卒笑呼。

诚知举箸意浅狭，一餐岂计有与无。

⬭译⬭文

　　老来身体机能下降，故而喜欢食用热食，尤其现在已经是十月深秋，霜气寒冷侵体。

　　我与你都身处贫困之中，但你却邀请我吃馄饨。虽遭遇困境，但我们不必像屈原那样过于戒惧，被热汤烫过后连吃冷食肉菜时也要吹一下气。

　　记得有一次，我将赤色鲤鱼切成片，满座宾朋惊讶地看我操作，最后大家都笑着欢呼，十分愉快。

　　我当然知道举起筷子来吃饭十分简单，所以吃一顿饭哪里用考虑那么多所得所失呢。

生同歲內復聯床龍庙
登名復後先光景俊寻
開七秩永冠雅古萃羣
賢會傾洛社曾儀俗圓
倣杏山正尚年聲議機
衡斷詠羅立趨雷省卯
中縫且後真率為寒齡
誰道崇高易成顏盛事
無詩富樂白非寺按尚
思詭然
嘉靖辛亥暑月下浣

蒸饼

宋代食用的面食丰富多样，盛行于各阶层中。

蒸饼是一种用笼屉蒸熟的面食，也称炊饼。宋人吴处厚的《青箱杂记》中记载："仁宗庙讳祯，语讹近；'蒸'，今内庭上下皆呼'蒸饼'为'炊饼'。"蒸饼较为便于携带和保存，在时人日常生活中占有重要位置。四大名著之一的《水浒传》中，武松的哥哥武大郎便以售卖炊饼为生。在宋人的笔记小说中，也常提及蒸饼在当时的食用情况。《北窗炙輠录》记载了姚正道在太学时每天都会去夜市买蒸饼；《鸡肋编》记载了孙卖鱼为皇帝制作蒸饼；《茅亭客话》中更是记载了修道人士在渐次脱离人间饮食的过程中也制作了蒸饼备用。蒸饼的受欢迎程度可见一斑。

而通过杨万里的《食蒸饼作》，我们可以看出，当时市集中有几家蒸饼店颇有盛名，如何家和萧家的蒸饼店。杨万里对于蒸饼十分钟爱，对蒸饼的饱腹感有充分的描写，而饥饿时能有蒸饼大快朵颐，以及吃饱后的满足感让诗人尤其觉得惬意。在吃饱饼后再喝一杯茶，更是尽享了生活的自在舒适。

食蒸饼作

南宋·杨万里

何家笼饼须十字，萧家炊饼须四破。

老夫饥来不可那，只要鹘仑吞一个。

诗人一腹大于蝉，饥饱翻手覆手间。

须臾放箸付一莞，急唤龙团分蟹眼。

译文

何家的蒸饼上有十字纹，萧家的炊饼在制作中同样如此。

我饿得饥不择食，吃起饼来几乎囫囵一口就吞下。

吃饱后肚子鼓鼓囊囊，看起来甚至比蝉的肚子还要大。吃蒸饼可以快速充饥，饥饱翻覆手之间就转换了。

一下子我就吃饱了，然后满足地放下筷子，立马呼唤仆从将煮出"蟹眼"（比喻水初沸时泛起的小泡）的团茶拿来喝。

饭

青
精
饭

青精饭也叫"乌饭"，相传其可以驻颜、滋补身体，也常用于祭祀祖先。据说为道家所创。

李时珍《本草纲目》记载："此饭乃仙家服食之法，而今释家多于四月八日造之，以供佛。"具体制作方式在《山家清供》中有详细记载："南烛木，今名黑饭草。又名旱莲草。即青精也。采枝叶，捣汁，浸上白好粳米，不拘多少，候一二时，蒸饭。曝干，坚而碧色，收贮。如用时，先用滚水量以米数，煮一滚即成饭矣。"青精饭是将白米用南烛木汁浸泡成黑色，煮熟晒干再暴晒又再煮的。明显与今天江苏地区传统特色点心，作为寒食节的食品之一的乌米饭不同。

杜甫曾言"岂无青精饭，使我颜色好"，陆游也言"旧闻香积金仙食，今见青精玉斧餐"。所以刘挚笔下的青精饭，除了作为食物外，多与修仙问道相关。青精饭的宗教色彩还源于目连救母的传说。

反复蒸煮的青精饭味道何如难以想象，但在吴德仁悠然适宜的生活中，青精饭与自酿酒以及飞鸟、山花一起，构成了诗人远离世俗的诗意生活。

二月二日过吴德仁二首·其二

北宋·刘挚

三径长篱依断崖，筑堂能向紫溪开。

案头日有青精饭，缸面常浮白玉醅。

坐对云山飞鸟没，笑看花木早春回。

高情不厌城中客，更许时时杖履来。

译文

　　吴德仁院子里，小路边的篱笆依着断崖，房屋向着紫溪。

　　日常放在案头的饭食是青精饭，缸面上时常漂浮着酿酒的醅。

　　经常面对白云青山坐着，看飞鸟的踪迹消失，笑看初春时节花木回春。

　　虽然拥有离尘绝俗的高雅情志，却并不厌烦城中来客，更是应承城中的凡俗客人可以随时拄杖来访。

麦

饭

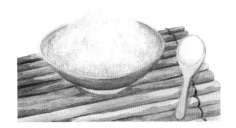

麦饭就是将麦粒直接煮熟食用。

《急就篇》卷二记载："饼饵麦饭甘豆羹。"颜师古注："麦饭，磨麦合皮而炊之也；甘豆羹，以洮米泔和小豆而煮之也；一曰以小豆为羹，不以醯酢，其味纯甘，故曰甘豆羹也。麦饭豆羹皆野人农夫之食耳。"由于麦饭制作非常简单，口感较为粗糙、有韧劲，所以并不为高门贵胄所喜爱。因此诗词中所言的食用麦饭的人群多是隐居躬耕的高士或是普通村居的百姓。平常人家在每年麦子收获的季节，就多食用麦饭。

在《北园书事三首·其一》中，李昭玘过的正是远离车马喧的生活，安贫乐道、自给自足的生活恰好与麦饭相适宜。这在其他诗人笔下也时常出现，如洪咨夔的"麦饭熟时蚕百箔，山中啼鸟识丰年"，陆游的"剪韭腌齑粟作浆，新炊麦饭满村香"，朱熹的"葱汤麦饭两相宜，葱暖丹田麦疗饥"，方岳的"鸟鸟声乐樱桃熟，田舍人忙麦饭香"，等等。

麦饭始终以一种简单质朴的面貌出现，为诗人的肠胃充饥，展现太平时代普通人的俭朴生活。虽然麦饭没有精致的外形和勾人的美味，却呈现了诗人们安贫乐道的情志追求，以及普通人知足常乐的生活状态。

北园书事三首·其一

北宋·李昭玘

葛巾茅屋自为娱，门掩槐阴长夏初。

聒聒难休鸠唤妇，飞飞不定燕将雏。

绕池曳策携双鹤，架水浇花课小奴。

麦饭满瓯葵数箸，丁宁车马肯来无。

译文

头戴葛布头巾，身住茅屋，自娱自乐。在夏初的阳光中，门口的槐树成荫。

鸠聒噪不停地呼唤着女主人，檐口下的雏燕正在学习如何飞翔。

我围绕小池散步，看双鹤在水边戏耍，挑来水浇花，又训练仆从做事。

盛满了麦饭的瓦瓯（小盆）里加了少许葵菜，喧闹的车马会愿意来这里吗？

雕胡饭

雕胡饭在唐宋诗人笔下都深受青睐。

雕胡即菰米。菰米表面为棕褐色，富有油质，坚硬而脆。煮熟后又软又糯。在秦汉以前，菰是作为谷物种植的，并与稌、黍、稷、粱、麦合称六谷。《本草纲目》对菰的考证是："菰本作苽，苽草也。其米须霜雕（同凋）时采之，故谓之凋苽，或讹为雕胡。"楚辞作品中，宋玉的《讽赋》中也言及"为臣炊雕胡之饭"。杜甫曾言："滑忆雕胡饭，香闻锦带羹。"

后来菰因感染上黑粉菌而不抽穗，茎部不断膨大，人们发现病变的茎部可食且味道颇佳，这就是今天常食用的茭白。

张耒《文周翰邀至王才元园饮》中的雕胡饭，充满了文人的清雅之气。雕胡饭是这次友朋宴饮中的重要食物。不过，由于菰米渐渐变成了茭白，在宋代以后，诗词中曾负有盛名的雕胡饭便渐渐衰落了，以至于今天的读者和食客对此已经较为茫然，也难以理解古代诗人的盛赞和着迷。

若復不快
飲空頭頭
上巾但恨多
謬誤當
處醉人

文周翰邀至王才元园饮

北宋·张耒

朝衫冲晓尘，归帽障夕阳。

日月马上过，诗书箧中藏。

心疑长安人，一一如我忙。

城西有佳友，延我步闲坊。

入门见主人，谢客无簪裳。

蒲团乌皮几，密室留妙香。

门前佳木阴，堂后罗众芳。

饭客炊雕胡，旨酒来上方。

盈盈双鬟女，身小未及床。

执板歌一声，宾主无留觞。

嗽井消午醉，扫花坐晚凉。

主翁尘外人，三十辞明光。

闭门自灌园，种花见老苍。

有才不试事，归卧野僧房。

知君非徒然，顾我不能量。

始知同一国，喧静自相忘。

众绿结夏帷，老红驻春妆。

何惜君马蹄，坐令风雨狂。

早上身穿朝服进宫，傍晚时分才会归来。

匆匆岁月都从马背上流逝了，我的诗书创作都藏在箧中。

我也怀疑，生活在长安的人，是否都像我一样奔忙不止。

长安城西边有我的好友，邀请我去他闲雅的家做客。

进门看见主人，他招待客人并未佩戴冠簪、身穿章服。

入座的蒲团挨着乌皮的几案，密室内熏过奇妙的香。

门前佳木阴阴，屋后种植了各类名花。

朋友为我准备了雕胡饭，还备了美酒呈上。

梳着双鬟的小姑娘，身量娇小尚不及床高。

她拿着歌板唱完一曲，宾客和主人无不饮尽杯中酒。

午饭后在井边消闲解酒，一直坐到日渐西沉，天气渐凉。

这位朋友是一位不沾尘俗的人，三十岁左右便离尘绝俗。

自给自足，以灌园种花为日常。

身负才华却不再应试，平常多与寺庙僧侣交往。

我知道你并非毫无缘由地做此选择，回头考虑自身却觉得难以思量。

才知道同处一国，喧闹和安静也不过自相忘。

夏天时节不同的绿植结成了帷幕，还剩下的红花像是留驻的春天。

何必叹息你的马蹄不外出疾驰，坐看狂风落雨，这样就很好。

粥

茶

粥

茶粥并不是真正的粥，叫"粥"是由于茶煮得特别浓，从而呈稀粥状。

茶粥很早便盛行于南方尤其蜀地一带，西晋傅咸《司隶校尉教》记载："闻南方有蜀妪，作茶粥卖之。"唐代的吃茶方式并不是宋代的点茶法，或是明清至今盛行的沦茶法，而是将茶叶打成碎末，叫作"末茶"。日本盛行的抹茶便是受此影响。

关于茶粥的相关记载并不算特别丰富。从《吃茗粥作》中可以看出，吃茶粥时并非单独食用，而是可与其他食物同食。似乎类似于下午茶的模式，茶粥搭配其他简单食物。虽然由于饮茶方式几经变迁，今天的我们已经无缘感受茶粥的美妙，但是抹茶浓汤，搭配简单野菜，不论是简单充饥还是彰显闲情逸致，似乎都尤为合适。

炎热的夏日，在山中与友人相聚，一边吃茶粥野菜，一边闲聊，惬意自在。

吃茗粥作

唐·储光羲

当昼暑气盛，鸟雀静不飞。
念君高梧阴，复解山中衣。
数片远云度，曾不蔽炎晖。
淹留膳茶粥，共我饭蕨薇。
敝庐既不远，日暮徐徐归。

译文

夏日的白天暑气炽盛，连鸟儿都安静不飞。

想到你就像高大梧桐投下阴凉，还解开了外衣乘凉。

几片云朵在远空中飘浮，却不曾遮蔽炎热的阳光。

留下来食用茶粥，与我一起食用蕨薇等野菜。

我的破房子离得并不远，等待日暮时可以慢悠悠地回家。

豆

粥

豆粥是一种常见的食物，是将豆子和粳米同煮，将豆煮烂成粥状。

刘秀称帝前，在疲惫匮乏之际，能得冯异的豆粥充饥，实为幸事，并在称帝后给了冯异丰厚的回报。《世说新语》中，也有关于豆粥的故事。因煮烂豆子需要时间，石崇为了能快速向客人炫耀自身的不俗实力，事先将豆煮熟做成豆末，等客人到了，煮好白粥，然后把豆末加进去便煮成了快捷豆粥。而将此秘密泄露的人还惨遭石崇杀害。

苏轼的豆粥不似历史典故中的豆粥富有传奇色彩，却充满了简单生活的况味，是半生飘零后的慰藉。住宿环境简陋，人生看似已无多的追求，但光洁似玉的粳米和五颜六色的豆子在砂锅中煮烂成润滑豆粥，在响起鸡鸣的清晨，让苏轼依然感受到生活的美好和值得期待。

豆粥

北宋·苏轼

君不见滹沱流澌车折轴，公孙仓皇奉豆粥。

湿薪破灶自燎衣，饥寒顿解刘文叔。

又不见金谷敲冰草木春，帐下烹煎皆美人。

萍齑豆粥不传法，咄嗟而办石季伦。

干戈未解身如寄，声色相缠心已醉。

身心颠倒不自知，更识人间有真味。

岂如江头千顷雪色芦，茅檐出没晨烟孤。

地碓舂粳光似玉，沙瓶煮豆软如酥。

我老此身无著处，卖书来问东家住。

卧听鸡鸣粥熟时，蓬头曳履君家去。

㊟文

　　你没见刘秀称帝前，自蓟东南驰至饶阳无蒌亭，途经滹沱河，行军疲惫，冯异见此急忙为光武帝献上豆粥。

　　在潮湿的柴薪、残破的炉灶边亲自烤了衣服，饥寒交迫中，顿时理解了刘秀当年的处境。

　　也不曾见金谷之游时寒冰消融、草木逢春，在帐下烹煎食物的都是美人。

　　韭萍齑和豆粥的秘诀不外传，都是石崇要求倏忽之间就要完成置办之物。

　　各式争端没有解决，此身在人世仿若寄存，声色诱惑缠绕，心已经迷醉。

　　身心追求颠倒却不自知，才知晓豆粥真是人间真味。

　　虽不如江边千顷雪白的芦苇，以及早晨茅檐下飘着的炊烟。

　　用地碓舂出的粳米光洁似玉，用沙罐煮的豆子松软如酥。

　　我这辈子已经年老而无处寄身，卖了书来东邻家居住。

　　卧在床上听见鸡鸣时豆粥正好煮熟，便蓬头垢面倒穿着鞋子去你家蹭吃。

羹

菊

羹

菊羹是一种花馔饮食。

花馔，是古代素菜的一个部分，是利用四时花卉做成菜肴或点心。宋人的花馔饮食相当丰富，只看菜名都让人向往，如百合面、梅花汤饼、荼蘼粥、梅粥、紫英菊、莲房鱼包、蜜渍梅花、汤绽梅等。常用作食品的花卉包括菊花、梅花、桂花、栀子花、牡丹花等。菊花无疑是十分受欢迎的花馔食材，早在《离骚》中屈原便言"朝饮木兰之坠露兮，夕餐秋菊之落英"。宋人也多记载菊花入食，如《山家清供》记载："采紫茎黄色正菊英，以甘草汤和盐少许焯过，候粟饭少熟，投之同煮，久食可以明目延年。"

被司马光当作晚餐的菊羹便以新鲜菊花烹制而成。司马光特意强调少放调味品，重在凸显新鲜菊花的清新淡雅之味。菊羹香气宜人、沁人心脾、味道淡雅，一碗热羹下肚，身心都觉舒畅。同时食菊羹这道美味还有清心明目、延年益寿之功效。

晚食菊羹

北宋·司马光

朝来趋府庭，饮啄厌腥膻。

况临敲扑喧，愦愦成中烦。

归来褫冠带，杖屦行东园。

菊畦濯新雨，绿秀何其繁。

平时苦目瘴，滋味性所便。

采撷授厨人，烹瀹调甘酸。

毋令姜桂多，失彼真味完。

贮之鄱阳瓯，荐以白木盘。

餔啜有余味，芬馥逾秋兰。

神明顿飒爽，毛发皆萧然。

乃知惬口腹，不必矜肥鲜。

尝闻南阳山，有菊环清泉。

居人饮其流，孙息皆华颠。

嗟予素荒浪，强为簪绶牵。

何当葺弊庐，脱略区中缘。

南阳丐嘉种，莳彼数亩田。

抱瓮亲灌溉，烂漫供晨餐。

浩然养恬漠，庶足延颓年。

每天早晨快步进入宫廷当差，日常饮食中已经厌倦了腥膻的肉类。

况且经常听到棍杖的喧嚣声，让人心中生出烦闷感。

办完公事归来取下帽子与腰带，拄杖漫步到了东园。

种植的菊花摇曳在刚下过的雨中，枝叶非常繁茂。

平常时候多为眼病所苦，菊做成食物的味道也符合我的性味喜好。

采了菊花拿回家交付给厨人，厨人将菊花煮成美味的食物。

不必放太多姜桂调味，不然容易失去菊的真味。

烹煮完成后贮存在鄱阳瓯中，再盛放在白木盘上。

吃起来余味悠长，菊羹的香味馥郁胜过秋兰。

吃完菊羹神清气爽，每根毛发似乎都舒展开来。

才知道满足口腹之欲不必吃鲜肥的肉食珍馐。

曾经听说南阳山上，有菊花环绕在清泉周围。

山上饮用这些水的人，看起来是孙辈，其实是老年人。

感叹我向来荒怠放荡，被官职仕宦所拘牵。

不知何时可以修葺一间简陋的屋庐，脱离凡尘俗世。

在南阳播下良种，打理成几亩好田。

抱着瓮亲自去灌园，随意自在地供上早餐。

浩然之气可以培养恬静寡欲的心念，也利于延年益寿。

蛤蜊米脯羹

在宋代，文化和经济中心渐次转移到了南方，南方相较北方，多水泽海域，因此宋代文人笔下食用水产和海鲜变得更为平常，这一点在南宋时期更为显著。北宋时水产的食用方式多是酒糟或是腌制。《东京梦华录》等笔记记载，京城开封在冬日囤食物时会有经过处理的蛤蜊等南方水产。《后山谈丛》记载，初秋时节，南方进贡二十八枚蛤蜊到官里，其价格高达一枚一千钱，因而宋仁宗说："我常戒尔辈勿为侈靡，今一下箸费二十八千，吾不堪也。"可见北宋时期，即使在京都之中，食用新鲜的蛤蜊也并非易事。

而在《食蛤蜊米脯羹》中，杨万里食用的明显是未经糟腌的新鲜海鲜，除了作此诗时杨万里正处于粤东一带之外，也与宋代文人饮食习惯的变化不无关系。

蛤蜊米脯羹这道典型的南方美味，确实十分吸引人。色泽明朗可爱，出锅便可闻蛤蜊粳米的浓郁鲜香，入口咀嚼，更有香粳米粒的黏质和弹性，实在令人回味无穷。另外，今日潮州地道美食芳糜与此颇为相似。

食蛤蜊米脯羹

南宋·杨万里

倾来百颗恰盈奁，剥作杯羹未属厌。

莫遣下盐伤正味，不曾著蜜若为甜。

雪揩玉质全身莹，金缘冰钿半缕纤。

更淅香粳轻糁却，发挥风韵十分添。

译文

百来颗蛤蜊恰好装满一只匣子，剥出蛤蜊制成蛤蜊米脯羹，不要觉得厌烦。

不要放盐烹煮，因为盐会损害蛤蜊本身的鲜味，也不用放糖，因为煮成后蛤蜊自带有隐约的甜味。

煮好后蛤蜊肉嫩得像雪一样，通体晶莹如玉，颜色尤为美丽，纤细得像镶嵌了金线的冰花一样，精致细腻。

再将有香气的粳米用水洗后放入煮好的蛤蜊汤中，二者交融将此道美味的风韵又添十分。

东坡羹

　　用芜菁和萝卜做成的羹是最简易的食物之一，不论是食材的获取还是烹煮的方法，都十分简单。

　　但就是如此清简的食物，却让苏东坡念念不忘，并因为意外在异乡失而复得而大觉庆幸。正如美食家蔡澜所说，重要的不是食物，而是一起吃食物的人和自己的心情。东坡常自创美食，并为此怡然自乐。蔓菁芦菔羹便是其一，苏轼将其纳入一系列"东坡羹"的范畴。而东坡羹的具体做法见载于《东坡羹颂》："东坡羹，盖东坡居士所煮菜羹也。不用鱼肉五味，有自然之甘。其法以菘若蔓菁、若芦菔、若荠，皆揉洗数过，去辛苦汁，以生油少许涂釜缘及瓷盌在菜汤中，入生米为糁。"本来普通无比的菜羹，在苏轼的亲自烹煮下成了难得的人间美味，且美名远播、影响深远。

　　今天某些餐厅的菜单中依然有"东坡羹"。食材一目了然，颜色清新可爱，味道清香十足，食物性味温和，适合各种人群尤其老少食用。

狄韶州煮蔓菁芦菔羹

北宋·苏轼

我昔在田间，寒庖有珍烹。

常支折脚鼎，自煮花蔓菁。

中年失此味，想像如隔生。

谁知南岳老，解作东坡羹。

中有芦菔根，尚含晓露清。

勿语贵公子，从渠醉膻腥。

从前我在乡下的田间地头生活，虽然厨房简陋，但依然可以做出珍馐美味。

时常在厨房支起折脚鼎，动手煮食芜菁。

如今人到中年，到了韶州生活，本以为再没机会尝试芜菁羹的味道了，想起那种美味，简直觉得恍如隔世。

谁知韶州有个老者，竟然知道如何制作我的东坡羹。

他栽种了萝卜，采摘回来时还

带着晨晓的清露。

千万不要告诉王公贵族这个美味的秘诀，让他们继续喝酒，沉醉在腥膻的肉食中吧。

甜

羹

　　陆游甜羹的具体做法在其《山居食每不肉戏作》的序言中也有记载："以菘菜、山药、芋、莱菔杂为之，不施醯酱，山庖珍烹也。"并诗曰："老住湖边一把茆，时沽村酒具山殽。年来传得甜羹法，更为吴酸作解嘲。"与其他宋代文人笔下的美味如出一辙，同样是简单的食材与简单的烹饪方式，不以调味品改变食物性味，而重在保持其本味鲜香。

　　这道甜羹的具体做法是，先将粳米煮软，再放入菘、芦菔、山药、芋等几种山蔬，以文火继续烹煮。因为不放醯酱等调味品，所以极大地保存了食物的本味，尝起来带有略微的天然甜味。同时山药和芋等山蔬含有大量淀粉，容易煮成糊状，便大为增加了甜羹的黏稠度。与煮软的粳米融合，更加软糯。而白菜、芦菔等蔬菜又让糊状的羹汤增加了颗粒感和咀嚼度，并增加了这道美味的清新之感。

　　富有自然本味的甜羹，在诗人心中，远胜过烹饪程序复杂、食材难得的山珍海味。

甜羹

南宋·陆游

山厨薪桂软炊粳，旋洗香蔬手自烹。
从此八珍俱避舍，天苏陁味属甜羹。

山野人家的厨房燃烧柴薪文火慢煮粳米，旋即又洗净清香的蔬菜亲自烹饪。

此道甜羹完成后，即使是八珍那样的珍馐美味也得退避三舍，天酥陁（tuó）中味道最好的就数甜羹。

禽畜肉

野
鸡

对于野味人们似乎总有一种好奇和期待，人类驯养了大量的家禽家畜，但对野味的追求却一直没有停止。从黄雀鲊到野鸡，可以看出古人在捕食野味禽类上有非常丰富的经验。而且在古代，狩猎、捕获野味是重要的食物来源之一，同时也是娱乐方式之一。苏轼《江城子·密州出猎》中的"老夫聊发少年狂，左牵黄，右擎苍，锦帽貂裘，千骑卷平冈"，记录的便是一次狩猎活动。

苏轼所食的野鸡，是两只野鸡只顾斗殴而忽略了捕猎者的靠近，从而被捕获来的。且苏轼的烹饪方式实在不算高明，是与其他禽类共同烹饪，煮成后也无太多卖相，但东坡赞其为时新的美味。而除了作为食物，雉还有神秘的成分，《搜神记》记载："千岁之雉，入海为蜃。"

对于这道菜，苏轼虽然没有给出具体的烹饪过程，但根据苏轼的烹饪理念，烹煮方式应该相对简单，更重在食其正当时的鲜肥。

如今，野鸡是国家二级保护动物，不能捕捉、买卖。这个大家一定要注意。

食雉

北宋·苏轼

雄雉曳修尾，惊飞向日斜。

空中纷格斗，彩羽落如花。

喧呼勇不顾，投网谁复嗟。

百钱得一双，新味时所佳。

烹煎杂鸡鹜，爪距漫槎牙。

谁知化为蜃，海上落飞鸦。

译文

雄野鸡拖着修长的尾巴，在日落时分飞来跳去。

在空中互相格斗起来，斗争中掉落的彩色羽毛如同落花。

喧闹勇武不顾其他，等到被网捕获谁还能再嗟叹呢。

花一百钱就可以买两只野鸡，鲜美的味道正当时。

与其他禽类一起烹饪煎煮，煮成后脚爪交错，看起来错落不齐。

谁知野鸡入海竟然会化为蜃，那么海上的乌鸦就会误将其视为楼台而纷纷落下。

羊

羝

江休复给梅尧臣寄来了美味的苦泉羊的干羊肉。

苦泉羊久负盛名，《元和郡县图志》记载："苦泉，在县西北三十里许原下，其水咸苦，羊饮之，肥而美。"《本草衍义》又载："同华之间有卧沙细肋，其羊有角，似羖羊但低小，供馔在诸羊之上。"而对于苦泉羊的美味，宋人也多次咏叹，如黄庭坚的"细肋柔毛饱卧沙，烦公遣骑送寒家"，张耒的"重闱共此烛灯光，肥羊细肋蟹著黄"，杨万里的"卧沙压玉割红香，部署五珍访诗肠"，陆游的"但有长腰吴下米，岂须细肋大官羊"，等等。

苦泉羊最大的特点就是肥美，梅尧臣得此佳肴，大嚼干肉片，佐以美酒，慰藉了自己失落的心情。诗词中书写的美食，有相当一部分就是友人间互相送赠而来。除了分享美味，更是联络情感。

江邻几寄羊羓

北宋·梅尧臣

细肋胡羊卧苑沙，长春宫使踏霜羓。

蕨藜苗尽初蕃息，苜蓿盘空莫叹嗟。

自乏良谋甘更鄙，犹能大嚼快无涯。

磨刀为削朝霞片，时引清杯兴转嘉。

译文

同州沙苑一带盛产苦泉羊，兼任长春宫使的同州官员江休复寄来苦泉羊的干羊肉。

蕨藜苗才开始大量生长，苜蓿凌空生，生活清苦也不必叹息。

我自知缺乏良好的谋划能力，因而甘愿居于低位，但即使如此也还能大嚼干羊肉，体会快意无涯的人生。

磨刀后将羊肉削成片，成片的羊肉如同朝霞，拿来几杯清酒后便兴味更嘉了。

羊肉

　　宋代人喜欢食用羊肉，并将之上升到了相当的高度，宋人注重"祖宗家法"，《续资治通鉴长编》记载："饮食不贵异味，御厨止用羊肉，此皆祖宗家法，所以致太平者。"《冷斋夜话》中有一条"羊肉大美性暖"，更是直言："世味无如羊肉大美，且性极暖，宜人食。"很显然当时各阶层都喜食羊肉。

　　但王之道食羊肉的心情更为复杂，不仅在于品尝了美味。历经战火，在艰难岁月里长久无法获取肉食，在这种情况下，再次得了一块羊肉，这带给诗人巨大冲击，忆念往昔，也充满感慨。曾经一心关注烤牛肉、河豚之类的珍馐美味的心境，显得遥远又奢侈，如今能得尝一块羊肉已经是幸事，就连价格低廉、曾经不为人看重的鱼也是不错的食物了。

　　经历不同事情，会让人改变对很多事物，乃至对食物的看法。精致细腻的饮食追求在战乱饥荒年代不光毫无意义，甚至显得可笑，生存需求都难以满足的条件下，曾经鄙夷的食物也成了美味。由此反而对食物和生活，生出了更多的敬畏和热爱之心。

次韵沈元吉兵火后初食羊

北宋·王之道

时难盆甑久无膻，梦寐何郎食万钱。
一脔乍惊肥脬美，五绋应喜敝裘全。
好从牛炙论莼菜，堪笑河鲀咏柳绵。
弹铗得鱼良不恶，先生何用鄙烹鲜。

 译文

　　世道艰难，经历战火，饭盆中已经很久没有肉了，做梦都希望像西晋何曾那样日食万钱。

　　突然发现一块肥嫩的羊羔肉，这种心情如同庆幸破旧的袄子上系纽子的丝绳还是全的。

　　曾经喜欢讨论烤牛肉就莼菜的吃法是否美味，也可笑在柳絮纷飞时总是关注着正可食的河豚。

　　如今弹击剑把捕获来的鱼确实还不错，先生又何必鄙视烹鱼呢。

黄
雀
鲊

古人吃鲊（zhǔ）有悠久的历史，王羲之便有《吴兴鲊帖》《裹鲊帖》传世。吴兴，即今浙江湖州，这一带便是当时鲊的著名产地。今四川、贵州部分少数民族仍有吃鲊的习惯，"侗不离酸，瑶不离鲊"。而宋人酷爱食鲊，除了黄雀鲊，还有许多食物皆可作鲊，如《梦粱录》中记载的鲊还包括鲜鹅鲊、大鱼鲊、鲜蝗鲊、寸金鲊、筋子鲊等。

黄雀鲊在宋代是一道著名美食，深受时人追捧，蔡京等人也是黄雀鲊的重度爱好者。宋代《吴氏中馈录》记载了黄雀鲊的做法："每只治净，用酒洗，拭干，不犯水。用麦黄、红曲、盐、椒、葱丝，尝味和为止。却将雀入匾坛内，铺一层，上料一层，装实。以箬叶盖，篾片扦定。候卤出，倾去，加酒浸，密封久用。"可见黄雀鲊的制作要经过多道工序。经过腌制的黄雀十分入味，搭配薄饼、馄饨等一起食用，可谓浓淡相宜。

谢张泰伯惠黄雀鲊

北宋·黄庭坚

去家十二年，黄雀悭下箸。

笑开张侯盘，汤饼始有助。

蜀王煎鳌法，醢以羊臛兔。

麦饼薄于纸，含浆和咸酢。

秋霜落场谷，一一挟茧絮。

飞飞蒿艾间，入网辄万数。

烹煎宜老稚，罂缶烦爱护。

南包解京师，至尊所珍御。

玉盘登百十，睥睨轻桂蠹。

五侯哕豢豹，见谓美无度。

濒河饭食浆，瓜菹已佳茹。

谁言风沙中，乡味入供具。

坐令亲馔甘，更使客得与。

蒲阴虽穷僻，勉作三年住。

愿公且安乐，分寄尚能屡。

离开家乡十二年了，吃黄雀鲊（腌制肉食）下箸时仍然小心翼翼。

笑着打开张侯盘盛上黄雀鲊，就着汤饼下咽。

用蜀王煎茱萸的方式，加上肉酱馄饨。

麦饼做得比纸还薄，蚌肉就着咸味的酢。

秋日起霜的世界，黄雀常落入场谷之中，如同飘落的苣絮纸。

众多黄雀飞行在草野之间时，用网捕获动则上万只。

黄雀烹煎煮食，老少皆宜，制成黄雀鲊后放在陶罐中更易于保存。

这道菜在京师也深受欢迎，连皇帝也十分喜爱。

在精致的玉盘中放上黄雀鲊，完全可以轻视只知食禄的官吏。

豪门贵胄嗜好豹胎，将其说成至美无比。

伍子胥曾向河边的女子乞食，得食壶浆，腌制黄瓜在贫寒时已经就是佳肴。

边远风吹沙扬的地带，家乡特有的风味常作为备供酒食。

使亲人得食美味，也使客人可以得以一尝。

蒲阴虽然地处穷乡僻壤，且勉强在那里住上三年吧。

祝愿你安康快乐，也能再多寄几次东西过来。

蔬 菜

芥蓝　白菜

能有一片自己的菜园，种植喜爱的菜蔬，播种、浇水、施肥、除草，最后收获，是很多人理想生活中的图景之一。虽然诗意田园的生活和真实的农业劳作并不一样，但这样一方小天地，确实能给人带来慰藉，既有丰收的期待，也有片刻远离世俗繁杂的自由。

苏轼的菜园在雨后欣欣向荣，虽然还未长成，但在苏轼眼中，脆美的芥蓝、普通的白菜与著名珍馐美味并无差异。苏轼留给今人的美味中，多以清简的食物为主。描写蔬菜的《雨后行菜圃》便相当典型。参与的劳作、欣喜的收获、美味的食物，苏轼的蔬菜，由自己亲自栽种灌溉，自给自足，自斟自酌，极富乐趣。

虽然菜园中的蔬菜尚未长成，但对美食的期待和想象已经为苏轼带来了快乐。这也显现了苏易简所言"物无定味，适口者珍"的饮食理念。

雨后行菜圃

北宋·苏轼

梦回闻雨声，喜我菜甲长。

平明江路湿，并岸飞两桨。

天公真富有，乳膏泻黄壤。

霜根一蕃滋，风叶渐俯仰。

未任筐筥载，已作杯盘想。

艰难生理窄，一味敢专飨。

小摘饭山僧，清安寄真赏。

芥蓝如菌蕈，脆美牙颊响。

白菘类羔豚，冒土出蹯掌。

谁能视火候，小灶当自养。

译文

梦醒时听见下雨的声音，到菜圃后发现种的蔬菜叶芽长势喜人。

天刚亮，江边航道积水加深，水面变宽，江上两艘船并列快速经过。

老天真的非常富有，像乳膏一样的雨不停倾泻到黄土地上。

经冬不凋的树木也在雨后繁茂生长，树叶在风中翻飞。

虽然种的菜还不够采摘进筐筥中，但我已经想象到这些蔬菜放进杯盘中食用的样子了。

蔬菜的生长也不容易，但这一美味我还是敢独自享用的。

随意采摘用来招待山里的僧人，并将这份清静安宁寄给真的懂得欣赏的人。

芥蓝菜就像菌蕈，味道脆美，吃起来在口腔中声声作响。

白菜就像小羊和小猪的肉，简直是土里长出来的熊掌。

谁要是能够把握好火候，就应当筑一小灶，悉心烹煮。

笋

笋非常受宋代士人欢迎，除了味美之外，宋人将笋与竹的高洁和自身的品行相联系，因而食笋除了为享受美食，也是彰显自身高风亮节的方式之一。

　　宋代除了各类笔记诗文中多记载笋的相关事迹，北宋高僧赞宁还著有《笋谱》，这是中国最早的一部竹笋专书。《笋谱》除了梳理关于笋的各种描述，还收罗了近一百种笋，可谓蔚为大观。诗人对笋的书写也非常丰富，如黄庭坚专门写了苦笋，著有《苦笋赋》《苦笋帖》等。

　　猫头笋则是当时笋中名品，此笋一年四季皆可品尝。杨万里《记张定叟煮笋经》中的猫头笋为冬笋，其清甜脆美，享誉当世。

记张定叟煮笋经

南宋·杨万里

江西猫笋未出尖，雪中土膏养新甜。

先生别得煮簀法，丁宁勿用醯与盐。

岩下清泉须旋汲，熬出霜根生蜜汁。

寒芽嚼作冰片声，余沥仍和月光吸。

菘羔楮鸡浪得名，不如来参玉板僧。

醉里何须酒解醒，此羹一碗爽然醒。

大都煮菜皆如此，淡处当知有真味。

先生此法未要传，为公作经藏名山。

译文

　　江西著名的猫头笋还未长出地面，大雪覆盖的土地下新鲜清甜的猫头笋正在养精蓄锐。

　　张定叟从别处得来了一个煮笋的妙法，叮咛千万不要用醯与盐这种味道较重的调味品。

　　煮笋的水用岩石下涌出的清泉，用此熬煮新挖出的猫头笋，渐渐能尝出甜味。

　　煮熟后食用，十分脆美，听来有

声，没吃完的沥水放置，颜色美如白亮月光。

菘羔和楮树上所生之菌与猫头笋相比不过浪得虚名，都不如来食笋。

喝醉以后哪里需要专门解酒呢，用一碗笋汤便可清爽醒酒。

基本上煮菜的原则都是如此，淡然的本味才是真正的美味。

张定叟的这一煮菜妙法可不要传扬出去啊，我当为你做成经藏在名山之中。

荠

菜

吃春饼是中国立春时饮食风俗之一，吃春饼有喜迎春天、祈盼丰收之意。

宋《岁时广记》引唐《四时宝镜》还记载了立春的其他饮食节俗："立春日食萝菔、春饼、生菜，号春盘。"立春时节天气还很寒冷，但迎接春天的食物已然充满了春天的气息。今天我国某些地区流行吃荠菜春卷迎春，而荠菜春卷正是由唐代"春盘"、宋代"春饼"演变而来的。

荠菜春饼以荠菜为主要馅料，外卷上用面粉烙制的薄饼，荠菜鲜香脆嫩，面饼绵软有嚼劲，荠菜的青绿与面饼的焦黄尤为搭配，充满了春天的生机和愉悦。

十二月立春

北宋·李时

东风昨夜到疏篱，早被游蜂探得知。
花子又从今日好，人情须胜去年时。
盘装荠菜迎春饼，瓶插梅花带雪枝。
劝了亲庭眉寿酒，旋裁春帖换新诗。

译文

昨天夜里，春天的东风吹到了疏疏落落的篱笆边，这早就被飞来飞去的蜜蜂探寻到了。

花的种子从今天起又开始好好生长，人与人之间的感情也要胜过去年。

用盘子装上荠菜春饼来迎春，在花瓶里插上还带着雪的梅花。

劝请父母喝下长寿酒，然后又裁剪春帖子写上新诗。

葵菜

葵是一种古老的食用蔬菜，在《黄帝内经》中有"五菜为充"的记载，也就是说蔬菜是很好的补充，而具体的"五菜"便为葵、韭、藿、薤、葱。葵即冬葵，而非如今更为常见的秋葵。主要在湖南、四川、江西、贵州和云南等地种植。湖南叫葵菜，也叫冬寒菜，江西叫蕲菜。

　　在《烹葵》中，米饭搭配绿色蔬菜的一餐早饭，带给白居易很多思考。看起来清简的食物却让白居易思考起荣辱的转换与心态来。虽然言辞中不乏自身物质优渥之感，但比起曾经的山珍海味，各类盈桌酒肉，一饭一菜确实已经极为清简。不过这顿看似简单的早餐实则并不平常，白居易所食的米饭是红色的，所以应该是红莲稻。红莲稻是米中名品，并非易得之物。所以这餐早饭不光米饭香软、蔬菜嫩滑，在视觉上也十分赏心悦目。

烹葵

唐·白居易

昨卧不夕食，今起乃朝饥。

贫厨何所有，炊稻烹秋葵。

红粒香复软，绿英滑且肥。

饥来止于饱，饱后复何思。

忆昔荣遇日，迨今穷退时。

今亦不冻馁，昔亦无馀资。

口既不减食，身又不减衣。

抚心私自问，何者是荣衰。

勿学常人意，其间分是非。

译文

昨晚卧床早，傍晚便没有吃东西，
今早起来便觉得腹内空空。

贫穷的厨房里面有什么呢，只有
炊煮稻米和秋葵。

红色的米粒又香又软，绿色的秋
葵又滑又肥嫩。

饥饿通过吃食便止住了，饱腹后
又作何思量呢？

回想过去那些荣获君主知遇而显

身朝廷的日子，到如今退居乡里。

今天并未遭遇寒冷和饥饿，当日显达也未曾有多余的资粮。

现在口腹之欲可以满足，未曾减少食物，身上所穿的衣服也没有减少。

我扪心自问：什么是盛衰荣辱？

不要学习常人的看法，要在尘世间区分真正的显达落寞。

莼

菜

莼菜最有名的吃法便是莼菜鲈鱼脍，并有成语"莼鲈之思"。这道菜的闻名与晋代张翰的事迹密切相关。《晋书·张翰传》记载："翰因见秋风起，乃思吴中菰菜、莼羹、鲈鱼脍。"《世说新语·识鉴》记载："张季鹰辟齐王东曹掾，在洛，见秋风起，因思吴中莼菜羹、鲈鱼脍，曰：'人生贵得适意尔，何能羁宦数千里以要名爵？'遂命驾便归。俄而齐王败，时人皆谓为见机。"这则典故，使得莼菜鲈鱼脍成为文人思念故土、远离复杂政治斗争的代表性江南水乡风味美食。

　　李纲的《莼菜》中虽然也提及这一典故，却并未赋予其深意，反而"返璞归真"，直接从食物本身出发。这道菜烹饪时同样不能放味道过重的调味品，以免破坏其鲜美，莼菜结合鲈鱼，碧绿清香又鲜嫩可口。

　　满足地吃饱饭菜后，再上船游玩，生活有滋有味。

莼菜

宋·李纲

渺渺春湖水拍天，紫莼千里正联绵。

初抽荷蕊半含露，旋摘龙须尚带涎。

盐豉欲调难并美，鲈鱼兼忆讵非贤。

自怜不是知机士，饱食空能上钓船。

译文

春天的湖水浩渺，远处水天相接，湖水中的紫莼菜绵延千里。

刚刚抽芽出水面的荷叶半遮半露，摘下的莼菜还带着晶莹的水珠。

想用豆豉来调味又觉得影响莼菜的性味，张翰忆念莼菜鲈鱼脍难道就不贤了吗？

我自怜不是像张翰那样有先见、知先机的人，吃饱饭只知道上船钓鱼娱乐。

芜
菁
诸
葛
菜

饮食反映了人的生活态度，所食即其人。

舒岳祥种菜种蔬便是一种生活态度。其清绝瘦硬的个人形象与蔬食简餐相辅相成。不同于苏轼、杨万里等人书写蔬菜时的积极热络，舒岳祥生逢乱世，南宋末战乱频繁，他的生活也颠沛流离，但种菜种麦的生活还是给予了诗人安定感和慰藉。虽然历经世事，对宦途已经没有任何念想，但芜菁或是诸葛菜在雨水中生长，在秋天可以被收获，还是为诗人的生活增加了期待。

乱世流离时的食物，更多是生活的保障。有一隅可以安定下来，种植粮食和蔬菜，每天能够吃上"无忧饭"，这样简简单单的隐居生活已经是求之不得的理想了。

次韵和正仲种菜种麦二首·其一

南宋·舒岳祥

剩欲栽蔬抵食鱼，蛊繁骨立谩长吁。

畦丁伛背挥丛彗，鸡母将雏啄浅芜。

菜字元修须雨长，菁名诸葛待霜腴。

闭门欲吃无忧饭，已戒应门早了租。

（译）（文）

颇想用栽种蔬菜来抵食用鱼肉，我整个人瘦骨嶙峋长叹息。

我这个园丁伛偻着种菜，母鸡带着小鸡又将菜蔬长出的菜芽啄掉了。

种菜需要雨水多，芜菁和诸葛菜等需要等待秋天霜重时才能收获。

想要关闭房门不问世事，过无忧无虑的生活，已经断绝了进入官门的念头，只想收租度日。

芋头

在寒冷的冬夜，与家人一起笑闹，吃煨好的热芋头，是一幅十分温馨的画面。软糯烫手的芋头是寒夜里的欢喜与满足。

李纲的《煨芋》中写到了两个跟芋相关的典故。一是杜甫的友邻锦里先生，因种植芋头栗子而可以自给自足，即杜诗所谓"锦里先生乌角巾，园收芋栗不全贫"。二是唐代李泌遇到懒残煨芋的典故。袁郊《甘泽谣》记载，年轻的李泌寄居庙中时，遇到一位看似邋遢随意的僧人，李泌观察后觉得这是一位奇人，因而对其恭敬有加。一日夜间，这位僧人给了李泌一些煨好的芋，并"谓李公曰：'慎勿多言，领取十年宰相。'公又拜而退。……后李公果十年为相也"。这个传奇故事，后来常出现在文人的诗文中，毕竟哪位读书人不幻想也能得遇一位懒残，能够帮助自己有朝一日出将拜相呢。

隐居山中，芋头成了非常适宜种植的作物。煨芋带给诗人的感受更多在于能够维持生活的满足感。

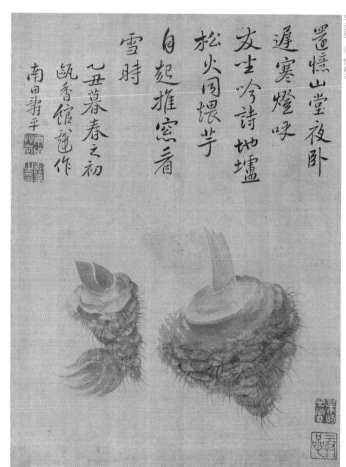

芋头图 清·恽寿平

還憶山堂夜臥

遲寒燈映

友生吟詩地壚

松火同煨芋

自起推窻看

雪時

乙丑暮春之初

甌香館寫作

南田翁平

煨芋

宋·李纲

今夕何夕夜未央，天寒拥炉更漏长。

缩肩环坐有饥色，呼童取芋灰为塘。

蹲鸱得火良易熟，脱落皮毛如紫玉。

迭煨迭进争相先，笑语颇喧知实腹。

锦里先生亦不贫，家园收拾动千斤。

凶年自可活妻子，美好不减岷江滨。

邺侯昔游衡岳左，懒瓒食余贻半个。

我今归去隐家山，岂复从人觅残颗。

臞儒奉养亦已微，一饱便吟煨芋诗。

君不见齐公夜半意不嗛，易牙煎熬燔炙和调五味而进之。

译文

　　今夜是何夜啊，夜色仍然深重未见天明，天气寒冷围着火炉取暖，听见更漏的声音在夜里特别漫长。

　　收缩着肩膀环绕而坐，大家都饿了，叫来童仆取来芋头和煨芋头的灰塘。

　　大芋头用火煨是容易熟的，熟后剥落芋头的外皮，芋头就如紫色的玉一样。

大家争相煨自己手中的芋头，笑闹喧哗之间便渐渐吃饱了。

锦江有一位先生，他的园子里，每年可收获许多的芋头和板栗，不能算是穷人，种植园圃里动辄能收上千斤的芋头和板栗。

遇到歉收的年份，可以自给自足养活家人，这种生活不次生活在岷江边上。

李泌在拜相之前曾在衡山游历，一晚遇到僧人懒残煨芋，送了李泌半个。

我如今归来隐居在家乡的山中，哪里能从别人那儿寻得一些芋头呢？

隐居不仕的生活待遇已经十分微薄，只要吃饱饭便吟诵煨芋诗。

你没曾见齐桓公半夜胃口不佳时，易牙通过烹、煮、烧、烤等烹饪方式以及调和五味而进献给齐桓公。

水产

螃

蟹

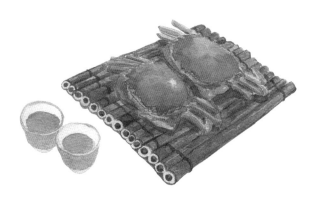

宋代人对蟹十分关注和喜爱，在诗词中常用有趣称谓来称呼和调侃蟹，如"郭索君""无肠公子"之类。宋代关于蟹的专门著述也比较丰富，如《蟹谱》《蟹略》《蟹图》等。

宋代的蟹以及其他水产，价格非常低廉，苏轼曾言"紫蟹鲈鱼贱如土"。因此食蟹盛行于各阶层，宋代也成为我国第一个食蟹高峰时期。除了食用淡水里生长的蟹类，宋人还食海蟹，如《西湖老人繁胜录》中记载的蟹类就有白蟹、蝤蟹、黄蝤蟹等。《东京梦华录》还记载，每年立冬时，宫廷和民间都要储备食物过冬，其中便包含"蛤蜊"和"蝤蟹"。

宋人食用蟹的方式十分多样，最有名的当数颇有历史渊源的持螯饮酒。《世说新语·任诞》中记载，毕卓曾放言"一手持蟹螯，一手持酒杯，拍浮酒池中，便足了一生"，洒脱恣肆的感觉一直让后人神往。其余还有糟蟹，以及当时最负有盛名的"洗手蟹"和"蟹酿橙"，这两道菜的制作方法分别在《蟹谱》和《山家清供》中有记载。"洗手蟹"是剖析活蟹后，加调味品即食。而"蟹酿橙"在今天的浙菜系中依然非常有代表性，深受食客喜爱。将橙子掏空后放入蟹肉蒸食，这道菜外形别致，蟹肉的香味又融合了橙的清香，可谓色香味俱佳。林洪在书中也赞叹其为"黄中通理，美在其中，畅于四肢，美之至也"。

游庐山得蟹

南宋·徐似道

不到庐山辜负目，不食螃蟹辜负腹。

亦知二者古难并，到得九江吾事足。

庐山偃蹇坐吾前，螃蟹郭索来酒边。

持螯把酒与山对，世无此乐三百年。

时人爱画陶靖节，菊绕乐篱手亲折。

何如更画我持螯，共对庐山作三绝。

 译文

　　不到庐山欣赏美景是对眼睛的辜负，而不吃螃蟹便是对口腹的辜负。

　　我也知道这两样美事自古以来便难以同时实现，但如今到了九江，我这两个心愿都满足了。

　　如今庐山就在我眼前高耸，螃蟹与美酒正伴我手边。

　　一边食蟹饮酒一边相望庐山，世间如此乐事真是几百年也难以得遇。

　　如今大家都对陶渊明赞赏有加，模仿陶渊明筑篱种菊、亲手采摘。

　　在我看来这哪里比得上我在此持蟹螯饮酒快乐呢，我与蟹螯、庐山一起便可作为三绝。

鱼

片

"鲙"即"脍"，是切得很细的肉，包括牛、羊、鹿、鱼、马等食材。孔子曾言"食不厌精，脍不厌细"。而"鲙"则是切细的鱼肉。脍有生脍和熟脍，但食鲙多为生食，吃法类似吃生鱼片，古人称之为"鱼生"。关于鲙的食材选取，《膳夫经》记载："鲙莫先于鲫鱼，鳊、鲂、鲷、鲈次之，鲚、鲐、黄、竹四种为下，其他皆强为。"《齐民要术·和齑》中记载："脍鱼肉，里（鲤）长一尺者，第一好。"可见诚如诗人所言："未若鲂鲫最。"

食鱼鲙的爱好和乐趣在诗人笔下显露无疑。不论是鲈鱼、鲂鲫还是其他鱼类，加上调味的酱料，搭配萝卜等菜蔬，放在铺上绿叶的盘里，都十分具有观赏性。晶莹剔透的鱼鲙与新鲜清爽的蔬菜相映成趣，而在口感上，蔬菜生脆，鱼肉滑嫩，层次多样。再加上白菜汤羹和米饭，这一餐不仅美味，而且菜、汤、饭搭配合理、营养丰富。如此色香味俱全的美味常让诗人大饱口福，吃完后感到无比满足。颇有老子所言"含哺而熙，鼓腹而游"之感。

食物的满足感让人心情轻松愉悦，然而由于气候干旱、河流枯竭，刘挚不能继续吃鱼鲙，便觉颇多无奈。

食鲙

北宋·刘挚

知几张季鹰，归怀托江鲙。

鲈鱼今不数，未若鲂鲫最。

橙齑捣椒兰，芦菔碎珠贝。

盈盘玉叶铺，千缕红云碎。

佐以晚菘羹，玉饭香蔼蔼。

饱行惭素餐，扪腹放衣带。

昨来溪夏乾，市空无可奈。

徒有弹铗吟，何能饱幼艾。

安得东海鲸，不惮生物害。

挥刀满金盘，对列酒池外。

㊟㊛

张季鹰是我的知己，有怀归之意
而托鲈鱼鲙为缘由。

虽然如今鲈鱼多不胜数，但还是
比不上鲂鲫多。

橙子酱与捣烂的椒与兰融合，萝
卜切碎与白地红纹的贝壳同煮。

煮好后盛放在铺了叶子的盘里，
看起来如同飘动着红色的云彩。

搭配秋末冬初的大白菜煮成的羹，像玉一样的米饭香喷喷。

吃饱后虽然惭愧自己无功受禄，不劳而食，但酒足饭饱，也抚摸着鼓起来的肚子，放宽了自己的衣带。

近来夏旱，溪流都干了，市场上没有鱼卖，让人无可奈何。

只能弹击剑把吟唱诗歌，不知如何喂饱长幼。

哪里能得东海的鲸鱼呢，而不再忌惮其他生物的妨害。

挥刀切下的鱼鲙摆满了金盘，左右两边对坐在酒池之外。

河

豚

河豚被誉为"扬子江中第一鲜"，是一种有毒的美味。

鲜美异常的河豚在烹煮时，处理稍有不慎，食用者就可能毙命。各类文献中也记载其有毒害人，如《倦游杂录》中说："每至暮春，柳花坠，此鱼大肥，江淮人以为时珍，更相赠遗。脔其肉，杂蒌蒿荻牙，瀹而为羹。或不甚熟，亦能害人，岁有被毒而死者，南人嗜之不已。"《梦溪笔谈》记载："吴人嗜河豚鱼，有遇毒者，往往杀人，可为深戒。"即便如此，苏轼还是认为，能够吃上河豚，值得一死！可见河豚的致命吸引力。对于今天的食客来说，十分幸运的是，人工养殖的河豚已经趋于无毒，可以放心食用，不必"吃喜欢的东西，过短命的人生"了。

食河豚

南宋·周承勋

君不见楚王渡江萍如日，剖而食之甜似蜜。

河鲀本自食杨花，花结浮萍萍结实。

又不见越王食鲙遗其余，中流化作王余鱼。

河鲀本是当年物，尚带西子胸前酥。

春江摇摇波面暖，蒌蒿蒙茸芦笋短。

嫩肥初破鳖裙重，腻白细挑羊脑满。

嗟予二年留江城，嗜此不去迟吾行。

鲈鲜便觉官可弃，雁美却得人呼卿。

邻翁劝我知机早，有毒伤人如鸩鸟。

世间万事是机阱，此外伤人亦非少。

我生有命悬乎天，饱死终胜饥垂涎。

君看子美牛炙死，若死严武尤可怜。

译文

　　楚王渡江时，摘来水上浮萍，剖开食用，就像蜜一样甜。

　　河豚一向以杨花为食，杨花结浮萍，浮萍又长了果实。

　　越王曾经将吃过剩下的鱼鲙扔进水中，鱼鲙在河流中化作了王余鱼。

河豚远在先秦就是人的食物，如今河豚的鱼白依然能够用来烹制成闻名的西施乳。

春天到了，在风的吹拂中，水波摇晃，江水也变得温暖，蒌蒿郁郁葱葱，芦苇的嫩芽尚短。

这个时节的河豚又嫩又肥，鳖甲四周的软肉也多。肉质细腻莹白，看起来细长而苗条，滋味和羊脑相似的河豚肉正肥美。

感叹我曾经有两年留在江城生活，因为嗜好河豚而导致出行迟迟未成。

鲈鱼鲜美，让张翰可以放弃为官，大雁的肉也同样肥美又无毒。

邻家老翁劝我要有预见的能力，河豚有毒，就像鸩鸟一样。

世事万物都如设有机关的捕兽陷阱，除了这些，伤人的事情也不少。

我生来拥有的这个生命如同悬挂在天上，吃饱河豚而死总比因为饥饿而垂涎好。

你看杜甫因为吃肉而死，如果在严武那里就死了便更可怜了。

渼
陂
鱼

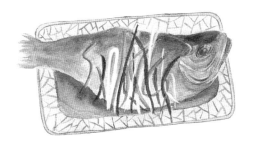

渼陂鱼在当时享有盛名。宋代吴曾的《能改斋漫录·事实一》记载："唐元澄撰《秦京杂记》载，'渼陂'以鱼美得名。"渼陂湖被誉为"关中山水最佳处"。苏轼和苏辙在风景秀美的渼陂湖得尝渼陂鱼后都大加赞赏。苏轼诗作《渼陂鱼》说道："霜筠细破为双掩，中有长鱼如卧剑。紫荇穿腮气惨凄，红鳞照坐光磨闪。"渼陂鱼外形细长，颜色绚丽，紫鳃红鳞。

　　苏辙的《次韵子瞻渼陂鱼》，探讨了诗人对待食物的态度。苏辙认为行乐当及时，面对美食就是要满足口腹之欲。这与其兄态度如出一辙。渼陂鱼味道十分鲜美，苏轼也言及"烹不待熟指先染"，虽然鱼还未煮熟，苏氏兄弟已经迫不及待地要品尝了。还言"坐客相看为解颜，香粳饱送如填堑"，可见这一餐就着渼陂鱼，两兄弟连米饭都可以多吃几大碗。

　　只可惜今天渼陂鱼的美名未能如当时之盛。

次韵子瞻渼陂鱼

北宋·苏辙

渼陂霜落鱼可掩，枯芡破盘蒲折剑。

巨斧敲冰已暗知，长叉刺浪那容闪。

鲸孙蛟子谁复惜，朱鬣金鳞漫如染。

邂逅相遭已失津，偶然一掉犹思黔。

嗟君游宦久羊炙，有似远行安野店。

得鱼未熟口流涎，岂有哀矜自欺僭。

人生饱足百事已，美味那令一朝欠。

少年勿笑贪匕箸，老病行看费针砭。

羊生悬骨空自饥，伯夷食菜有不赡。

清名惊世不益身，何异饮醴徒酷酽。

译文

秋天起霜时，渼陂湖的鱼有藏身之处，芡实干枯，蒲草变硬，似乎能破盘折剑。

已经知道湖中的鱼在何处，用大斧头敲破冰面，再用长叉将无法躲闪的鱼捕获。

鲸和蛟的后代谁会珍惜呢，鱼颔旁的红色小鳍和金色的鱼鳞美得如同染上了色彩。

送来的鱼非常多，胡乱碰在一起，像迷路了一样。偶有掉出来的还往深堑里钻。

感叹你外出为官已久，只能吃烤羊肉，就像外出远行只能在乡村饭店吃东西。

得来的鱼还没熟就已经流口水了，哪用自己欺骗自己呢？

人生啊，只要吃得饱便事事都觉满足，有美味的食物，不能对自己亏欠啊。

少年人不要笑话我贪爱饮食，等到年老多病就知道需要常常针灸治病。

像羊续那样将别人送的食物悬挂起来以杜绝再有其他人来送，也不过是白白饿肚子，如同伯夷叔齐只吃菜的话，也是不能满足的。

即使有惊动人世的清流之名，对身体也并没有实际的益处，这与饮酒又有什么差异呢？

车
螯
蛤
蜊

　　虽然经常可以看到书写水产包括海产的诗词，但其实食用新鲜水产对于生活在非沿海地带的人们而言，并非易事。随着历史上几次文化和经济中心的渐次南移，南宋以后尤其明清时期，诗词中对食用水产的呈现便更加常见了。

　　《东京梦华录》中记载，京城食用的水产也以腌制、糟制的居多，因为新鲜的水产并不易于运送和保存。欧阳修作有《初食车螯》，能为第一次吃蛤蜊专门写诗，并提及"坐客初未识，食之先叹嗟"，可见即使是欧阳修的座上客，也多未食过蛤蜊。

　　梅尧臣一家人一起吃友人寄送的车螯蛤蜊时，便相当愉快。美酒伴美味，诗人与妻儿其乐融融。连婢女收拾蛤蜊壳的趣事也写入了诗中。享用食物除了讲求其本身美味，一起分享的人和由此产生的美好记忆，也非常重要。

泰州王学士寄车螯蛤蜊

北宋·梅尧臣

车螯与月蛤，寄自海陵郡。

谓我抱余醒，江都多美酝。

老来饮不满，一醉已关分。

甘鲜虽所嗜，易饫亦莫问。

娇女巧收壳，燕脂合眉晕。

贫奁无金玉，狼藉生恚忿。

妻孥喜食之，婢妾困扫摒。

行当至京华，耳目饱尘坌。

此味爽口难，书为厌者训。

译文

我获得的车螯和蛤蜊，是王学士从海陵郡寄来的。

说我常常抱着酒不醒，而扬州多美酒。

如今老来饮酒没喝多少，一喝醉就容易失态。

甘脆肥醲的鲜美食物虽然我也嗜好，如今改换了口味也不要多问。

可爱的婢女把蛤蜊壳收起来，吃饱

饭脸也染上红晕。

　　贫穷的首饰盒里没有黄金与珠玉，吃完蛤蜊后，因蛤蜊壳又多又乱而生气愤怒。

　　妻子和儿女非常喜欢吃车螯蛤蜊，而婢女则烦恼于清扫吃完的壳。

　　如今行将至京城了，舟车劳顿，耳目也经受了很多尘土。

　　这些美味虽然清爽可口却不易得，故此写下来作为贪厌者的训诫。

水晶脍

水晶脍是宋代名菜，在当时享有盛誉。其外形和质地与猪皮冻类似。

元代的《居家必用事类全集》中记载了水晶脍的做法："猪皮刮去脂洗净，每斤用水一斗，葱椒陈皮少许，慢火煮，皮软取出，细切如缕，却入原汁内再煮，稀稠得中，用绵子滤，凝即成脍。切之，酽醋浇食。"很显然这与今天的猪皮冻十分类似。不过宋人在制作水晶脍时，多用到鱼肉，《菩萨蛮·水晶脍》中所写的水晶脍也是由鱼肉、鱼骨熬煮而成，这比猪皮冻更加鲜美。

水晶脍在当时市井中非常受欢迎，《东京梦华录》中便数次提及水晶脍，如"红丝水晶脍""滴酥水晶脍"等。

菩萨蛮·水晶脍

南宋·高观国

玉鳞熬出香凝软。并刀断处冰丝颤。

红缕间堆盘。轻明相映寒。

纤柔分劝处。腻滑难停箸。

一洗醉魂清。真成醒酒冰。

译文

　　用切细的鱼肉碎配以作料，经烹煮、冷冻后，制成鲜软的半透明块状食物。用并州出产的刀切断水晶脍时，切断处的冰丝连在刀上，颤颤巍巍。

　　在一桌食物中有一盘切好的水晶脍，薄而透明，放在一起像是寒冷的冰霜。

　　水晶脍纤细而柔软，下箸时需要多加注意。入口细腻软滑，让人爱不释手，难以停下筷子。

　　吃了水晶脍真像是一下洗掉了醉酒的迷糊，是名副其实的醒酒之物。

水产

鱼

蟹

　　大体而言，除了少数名贵品类，鱼蟹在宋代并不是珍贵的物品。王安石就曾言"人间鱼蟹不论钱"。所以在《谢景高兄惠鱼蟹》中，谢景高送来的鱼蟹并不重在鱼蟹本身，所谓"千里送鹅毛，礼轻人意重"。谢景高送鱼蟹除了分享美食，自然也因为洪适喜欢食鱼蟹。朋友赠送喜欢的食物，本就是一件让人愉快的事情。得遇知音就像寒夜里温暖的火，谢景高送的鱼蟹，自然也就有了远超食物的含义。

　　天寒时节，收到鱼蟹后，洪适将其用酒糟制，水产的味美对洪适而言胜过肉食。而当春天来临，吃着糟制好的鱼蟹，一边享受美酒，一边感受春天的美好。同时因食及人，更加思念起朋友来，叮嘱要时常联络，就像杜甫曾叮嘱友人"只愿无事常相见"，而食物便是情感联络的载体之一。

谢景高兄惠鱼蟹

南宋·洪适

霜风激水蟹舍寒，渔火献俘清夜阑。

不烹五鼎若赊死，使之骨醉尤加餐。

尺半之鱼鳞六六，同入糟丘随小牍。

鼎来兼味口流涎，可使盘中食无肉。

浔阳从事姿南金，高山调古谁知音。

宁同娖隅作蛮语，生憎郭索多躁心。

檐头雪消春有意，洗盏开尊宜一醉。

持螯颇忆左手同，尺素不妨时遣使。

译文

　　秋深霜风吹起，渔家小屋充满寒意，清夜将尽时，渔船上的灯火亮着。

　　如果我不烹煮高官贵胄吃的饮食，活着就如同缓死，谢景高送来的鱼蟹都用酒糟制以便多加餐食。

　　把鱼和它肚子里的书信都放入糟制的酒里去。

　　正好这几种口味让人垂涎欲滴，即使盘中没有肉食也没关系。

　　在浔阳任职遇到了优秀的南方人才，

水产

得遇景高兄便如高山流水遇知音。

我宁愿同少数民族说他们的语言，也不愿意多接触螃蟹，因为螃蟹爬行的样子和声音让人烦躁。

屋檐边的积雪消融，春天有回归之意，洗好酒杯，打开一坛酒，此时最适合一醉方休。

像毕卓那样持螯饮酒，你不妨时时写信，再派信使传给我。

酒

桂花酒

今天市面上售卖的酒中依然有桂花酒，属于花果配制的甜型低度酒，多用白酒和鲜桂花制成的桂花露酿成。香气浓郁，酒色淡黄、口味绵甜。相较白酒和黄酒，桂花酒有更广的饮用群体，妇女、老人等饮用相对较多。

　　但就制作方式而言，宋人的桂花酒明显与今天不同。晁补之的桂浆更像饮料。桂浆是桂花加糖后煮沸，并密封起来发酵后所得，所以其色金黄、其味香浓。同时，这样发酵的酒度数偏低，因此可以一次性大量饮用。

　　古代文人在诗词中写到酒时，也多言其解忧消愁的功效，晁补之也同样如此，只是诗人还有更深一层的思虑。在《桂浆》中，彼时他面临的处境让人迷茫，未来的道路似乎也难以看清方向，因此在喝着桂花酒时，便愈加生出退隐之感。

桂浆

北宋·晁补之

暑卧午呀呷，齮烦何所投。

岩桂割辛芳，石蜜滋甘柔。

沃以火鼎沸，闷之冰井幽。

三日出深幂，明琼盎黄流。

冰火离坎类，意比秋麦缪。

辛甘既两适，不湎亦销忧。

中年苦内热，岁愿西风秋。

寒凉犯所畏，发散资尔谋。

时时以觞客，三献不一酬。

缅思湘累语，啜醨终所羞。

北斗酌此浆，违世聊远游。

恐复迷吾往，仆悲道阻修。

淮南归来些，憭慄令人愁。

百壶无此饯，夙志慕林丘。

宁怀小山感，不为桂枝留。

蕉林酌酒图（局部）　清·陈洪绶

夏日午睡时迷迷糊糊，不知道何处可以消除烦恼。

割下辛香的岩桂，加入白糖混合。

再用火将其煮开，煮好后密封起来发酵，放入藏冰的地窖中储藏。

放几日后拿出冰窖，倒入方形的杯子里，所得的浆液呈金黄色。

冰冷和火热如同离卦和坎卦，就像秫麦酿的酒。

辛香和甘甜都非常合适，不沉湎酒中也可以消忧愁。

人到中年内心常觉烦热，炎热时只盼着秋天的西风吹来。

桂浆寒凉，可以解畏热之苦，发散内热全靠桂浆。

也时常拿出做好的桂浆与客人共享，多次献上向客人敬酒。

遥想屈原的话语，喝酒终究是不那么光彩的事情。

用酒器喝桂浆，心中想着远离尘世，到远方游历。

又害怕前路迷茫，哀叹我的路途阻隔又遥远。

淮南小山作赋呼喊王孙归来，凄凉的场景令人哀愁。

即使有很多酒也没有这样的桂浆，我一直以来的志愿就是归隐山野。

宁愿怀抱淮南小山那样的感慨，也不会为做官滞留了。

药

酒

药酒一直是中国饮酒养生文化中十分重要的一环。

《本草纲目》有数量可观的"药酒方",诸如"姜酒:澡贪苋、发热、心腹冷痛。葱豉酒:解烦热,补虚劳,治伤寒头痛寒热及冷痢肠痛,解肌发汗。茴香酒:治肾气痛、扁坠牵引及心腹痛",等等。不过饮酒当适度,李时珍也叮嘱:"少饮则和血行气,壮神御寒,消愁遣兴;痛饮则伤神耗血,损胃亡精,生痰动火。"

仙灵脾又叫刚前、淫羊藿、仙灵毗等,具有祛风除湿、补肾壮阳、强筋健骨等功效,可以治疗风湿痹痛、半身不遂、四肢不仁等疾病。因此张未因冷气侵体而腿脚不便时,便买来仙灵脾泡酒。对于仙灵脾酒的效力,诗人言其几乎立竿见影,简直是灵丹妙药。今天除了用仙灵脾泡酒,还有相关医药制品,如仙灵脾胶囊、仙灵脾药剂等,用于养生和治疗相关病症。

服仙灵脾酒

北宋·张耒

冷气侵吾髀，趋拜剧苦艰。

仁哉神农氏，遗药驱恫瘝。

持钱取之市，易得如荺芜。

繁枝与芳叶，尽取无可删。

贮之白缣囊，渍以壶酒宽。

七日以供饮，跛曳皆翩跹。

呼儿谨盖藏，用此九转丹。

平生误信书，安坐得老遒。

方书岂尽信，柳子固无言。

事固有然者，岂容尽欺谩。

疾走非吾愿，且复补羸残。

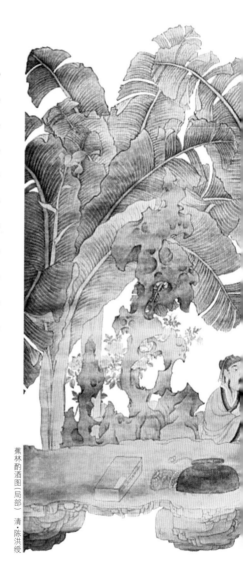

蕉林酌酒图（局部） 清·陈洪绶

诗词中的美食

天气变冷，寒气侵进了我的大腿，这使得我在请安、问候等时特别痛苦。

神农氏真是仁厚无比，留下了可以驱除病痛的良药。

拿钱到市场上买了仙灵脾，这个药材很容易获得，跟莼菜和芫一样常见。

繁茂的枝干和芳香的叶子，全都有用，没有需要丢弃的东西。

将药材放入白色细绢制成的囊袋里，再用酒浸泡。

七天后倒出饮用，即使是跛足曳行的人，走起路来也可以轻盈飘逸。

告诉孩儿一定要谨慎储藏，好好使用这个九转丹一般的酒。

我这一生错误地相信了书，怎么能不劳神费力就得到转换呢？

各类书岂能尽信呢，柳子未曾这样说过。

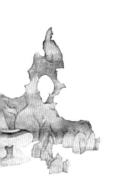

事情固然有其本来的样子，哪里能都在欺诳呢？

快步走并非我的愿望，只想着姑且修补一下羸弱病痛的身体。

酒

一二一

菊花酒

重阳酒是重阳时节用菊花酿的酒，这在我国有悠久的历史。

汉代《西京杂记》记载："菊花舒时，并采茎叶，杂黍为酿之，至来年九月九日始熟，就饮焉，故谓之菊花酒。"这一节俗寄托了人们美好的愿望，《荆楚岁时记》记载："九月九日，佩茱萸，食莲耳，饮菊花酒，令长寿。"饮菊花酒可以延年益寿、祛灾祈福。菊花具有"治头风、明耳目、去痿痹、治百病"的功效，因此菊花酒也具有清肝明目、疏风除热等功效。

在《酿重阳酒》中，苏辙的重阳酒充满了节日的喜悦，虽然对于各类美食只剩空想，但能喝重阳酒也是让人欣喜的。会邻人、赏菊花、饮菊花酒，简单的生活也让人无比热爱。苏辙此时已经年近古稀，但仍然充满了生机和活力，对生活中的节日充满了期待和热情。世间万物，似乎闭门一醉，就没有什么不能放下的。

酿重阳酒

北宋·苏辙

家人欲酿重阳酒，香曲甘泉家自有。

黄花抱蕊有佳思，金火未调无好手。

老奴但欲致村酤，小婢争言试三斗。

我年七十似童儿，逢节欢欣事从厚。

廪粟已空豆方实，羔豚虽贵鱼可取。

病嫌秋雨难为腹，老咽馋涎空有口。

折花谁是送酒人，来客但有邻家父。

闭门一醉莫问渠，巷争不用缨冠救。

（译）（文）

　　家人想要酿造重阳节饮用的菊花酒，用来酿酒的香曲和泉水各家都有。

　　菊花绽放，花瓣围绕花蕊，寄托着美好的情思，金火没有烹调是因为没有技艺高超的人。

　　老仆想酿造村酒，而年轻的小婢女争论着想要尝试三斗。

　　我如今已经七十岁了，却仍然像孩童一样盼望过节，每逢节日总是欢欣喜悦。

（酒）

管家发的粮食已经吃完了，豆类刚刚成熟，虽然羊羔肉和猪肉很贵，但是还可以吃鱼。

病中烦恼秋雨不停，不知拿什么来果腹，时常因为想吃美食而流口水，却没有东西可吃。

折了菊花想着谁是送酒来的人，原来来此做客的是邻家的老翁。

把门一关，喝酒沉醉，其余事情都不用问，乡里门巷的争论也不用官员来调解。

团

茶

宋代茶业经济十分繁荣，同时制茶技艺也大为提高。《宣和北苑贡茶录》记载："宋太平兴国初，特置龙凤模，遣使即北苑造团茶，以别庶饮，龙凤茶盖始于此。"专为宫廷饮用而制，因而宋代的团茶具有崇高的地位。欧阳修在《归田录》中说："茶之品，莫贵于龙凤，谓之团茶，凡八饼重一斤。"团茶茶饼上印有龙、凤的花纹。印龙的称"龙团"，或龙茶、盘龙茶、龙焙、小团龙等；印凤的称"凤团"，或凤饼、小团凤等。刘景文送黄庭坚的便是凤团。

团茶的具体制作过程为：采茶、拣茶、蒸芽、研茶、造茶、过黄等。每一步都有严格细致的要求，如采茶"须是侵晨，不可见日"，否则便"为阳气所薄，使芽之膏腴内耗，至受水而不鲜明"。

因此，刘景文送黄庭坚的凤团茶，在当时是茶中珍品。但黄庭坚却说，让刘景文别藏着，多送些，充满了友人之间的调侃趣味。

奉谢刘景文送团茶

北宋·黄庭坚

刘侯惠我大玄璧，上有雌雄双凤迹。

鹅溪水练落春雪，粟面一杯增目力。

刘侯惠我小玄璧，自裁半璧煮琼靡。

收藏残月惜未碾，直待阿衡来说诗。

绛囊团团馀几璧，因来送我公莫惜。

个中渴羌饱汤饼，鸡苏胡麻煮同吃。

译文

刘景文送给我一个大大的团茶，上面有雌雄两只凤凰的图案。

鹅溪的水清澈灵动，春雪落入其中，用这个水煮茶，感觉喝下一杯后视力都变好了。

刘景文送了我一个小小的团茶，我裁下来一半煮成茶水。

剩下的一半收藏起来，没有碾碎，只想等待朋友来一起品茶赋诗。

看你红色口袋里的团茶还剩好几个，不如拿来送给我，不要觉得太可惜。

其中一些让我这个嗜茶的人用来吃汤饼，其余的搭配水苏、芝麻一起吃。

七
宝
茶

七宝茶里有七种甘香的作料，故名。七宝茶是宋代宫廷中用的名贵饮料，有时候作为帝王赏赐给臣子的物品。王巩《甲申杂记》记载："仁宗朝，春试进士集英殿，后妃御太清楼观之。慈圣光献出饼角子以赐进士，出七宝茶以赐考试官。"所以梅尧臣在《和范景仁王景彝殿中杂题三十八首并次韵·七宝茶》中曾感叹："啜之始觉君恩重，休作寻常一等夸。"

只可惜，七宝茶在历史的长河中已经渐渐离开了人们的生活，但从诗词中，今人约略可以窥见其貌。七宝茶颜色绚丽，灿若云霞，梅尧臣诗言"浮花泛绿乱于霞"，说明七宝茶茶水颜色为绿色，而茶面上漂浮有各色花蕊。饮用七宝茶具有醒神的作用，也可以用来参加宋代各阶层都喜爱的斗茶活动。

尚长道见和次韵二首·其一

南宋·周必大

诗成蜀锦粲云霞，宫样宜尝七宝茶。

压倒柳州甘露饮，洗空梅老白膏芽。

睡魔岂是惊军将，茗战都缘避作家。

怪底清风失炎暑，朝来吉甫诵柔嘉。

（译）（文）

写成的诗就像蜀锦一样灿若云霞，宫中时兴品尝七宝茶。

七宝茶胜过被柳宗元赞赏的甘露饮，也胜过梅尧臣称颂的白膏茶。

强烈的睡意岂能影响军中主帅，斗茶时要避开斗茶高手。

难怪清风吹过带走了炎夏酷暑，早晨时贤能的宰辅都在感叹连日雨凉。

点

茶

　　点茶是唐、宋流行的一种沏茶方法，是宋人"生活四艺"之一。与今天的泡茶不同，点茶需要器具，也需要技艺。宋代的制茶技艺提高，宋人点茶时需要先将茶团碾碎至均匀的粉末，用茶釜烧开净水，然后调茶膏，放入一定量的茶末，一边冲开水，一边用茶筅击拂，不同的力度和角度会形成不同的茶面图案。这个过程中对水的烧煮程度、量的多少、击拂力度等都有很高的要求。

　　宋代饮茶之风盛行于各阶层，是十分重要的待客之道。王国维《茶汤遣客之俗》考证："今世官场，客至设茶而不饭，至主人延客茶，则仆从一声呼送客矣，此风自宋已然，但用汤不用茶耳。"《李觏集》中也说道："客至则设茶，欲去则设汤，不知起于何时，上自官府，下至闾里，莫之或废"；"君子小人靡不嗜也，富贵贫贱靡不用也"。饮茶在待客中具有重要的意义，是文人文化的重要组成部分。宋徽宗赵佶在《大观茶论》中说："缙绅之士，韦布之流，沐浴膏泽，熏陶德化，咸以雅尚相推，从事茗饮。"

在宋代，分茶、点茶、斗茶在诗文乃至绘画等文艺创作中时常出现。尤其对"茶百戏""水丹青"等一类需要高超技巧和独到审美的茶事活动，文人士大夫阶层尤为热衷。宋人日常生活中的茶事活动也非常丰富，从各类斗茶图中可以看出全民参与的热情。宋徽宗赵佶就是一个技艺高超的斗茶者。

刻石

宋·欧阳庆甫

地僻人稀能几家，清泉漱玉石攲斜。
客来访我惭无具，洗甑炊香更点茶。

（译）（文）

我住在偏僻的地方，这里人烟稀少，不见几户人家，清澈的山泉水撞在石壁上，声若击玉。

客人前来拜访我，我实在惭愧没有合适的器具待客，只得洗甑焚香，然后点茶。

蜡面茶

　　蜡面茶是唐宋时期产于福建一带的贡茶。《旧唐书·哀帝纪》记载："福建每年进橄榄子……虽嘉忠荩，伏恐烦劳。今后只供进蜡面茶，其进橄榄子宜停。"而之所以叫蜡面茶，程大昌在《演繁露续集·蜡茶》解释道："建（建州）茶名蜡茶，为其乳泛汤面，与镕蜡相似，故名蜡面茶也。"蜡面茶属于蒸青绿茶团、饼茶。外形有方、圆等多种形态。蒸熟后仍保持绿色，茶面色泽光莹。

　　徐夤得到尚书送的蜡面茶，十分细致地对待，碾茶工具、盛茶水的工具，以及煮茶的水，都很讲究。对于煮茶的水，唐代人已经十分看重，陆羽在《茶经》中言及用水，道"其水，用山水上，江水中，井水下"。所以北山泉水确实与名贵的贡茶相宜。

尚书惠蜡面茶

唐·徐夤

武夷春暖月初圆，采摘新芽献地仙。

飞鹊印成香蜡片，啼猿溪走木兰船。

金槽和碾沈香末，冰碗轻涵翠缕烟。

分赠恩深知最异，晚铛宜煮北山泉。

福建武夷山地区春天开始变暖和了，在月亮变圆的时候，茶人采摘新的茶叶献给住在人间的仙人。

将茶制成清香的蜡面茶茶饼，岸边猿声不断，顺着溪水在舟上都能听见。

在槽里将茶饼碾碎成为均匀的细末，用晶莹的碗盛装泡好的茶水，茶面的水汽如轻烟。

分装好送给对自己有深厚恩情的人，晚点再在铛中煮茶时，用北山泉来煮会更好。

诗词中的美食

酱

鲚
鱼
酱

鲚鱼又名刀鱼、凤尾鱼、觜鱼等，银光闪闪，骨嫩鳞细，肉质肥美。用鲚鱼做的酱，味道非常鲜美。用鱼做酱在我国有悠久的历史，《周礼》中记载，醢（hǎi）人掌管制造的调料中就包括鱼醢（鱼酱）。东汉时期的著作《四民月令》中记载，正月"可以作鱼酱、肉酱、清酱"，四月"取鲴鱼作酱"。用鱼虾做的酱，深受水泽地带人们的喜爱。而用小麦、豆类等植物制成的酱，以及用兔、獐子、野鸡等动物制成的酱，也普遍出现于古人的饮食中。

关于鲚鱼酱的做法，在《齐民要术》的"作鱼酱法"中有详细记载："鲚鱼、鲐鱼即全作，不用切。去鳞，净洗，拭令干，如脍法披破缕切之，去骨。大率成鱼一斗，用黄衣三升，一升全用，二升作末。白盐二升，黄盐则苦。干姜一升，末之。橘皮一合，缕切之。和令调均，内瓮子中，泥密封，日曝。勿令漏气。熟以好酒解之。"另外干鲚鱼也可做酱，"六月、七月，取干鲚鱼，盆中水浸，置屋里，一日三度易水。三日好净，漉，洗去鳞，全作勿切。率鱼一斗，曲末四升，黄蒸末一升，无蒸，用麦䴷末亦得，白盐二升半，于盘中和令均调，布置瓮子，泥封，勿令漏气。二七日便熟。味香美，与生者无殊异"。鱼酱中有干姜、橘皮去腥，通过发酵增加了风味，同时保持了鲚鱼的鲜美。

不过对于各类酱，《食疗本草》主张不可多食，因"所食发热、心痛，为其味辛之故"。所以从健康角度考虑，食用发酵腌制类食品，皆以适量为宜。

邵考功遗鲥鱼及鲥酱

北宋·梅尧臣

已见杨花扑扑飞，鲥鱼江上正鲜肥。

早知甘美胜羊酪，错把莼羹定是非。

　　已经是能看见杨花纷飞的时节了，这时江中的鲥鱼正好鲜嫩肥美。

　　早知道鲥鱼酱如此甘鲜味美，甚至胜过羊乳制成的食品，就不会错把莼菜羹当作界定美味的标准了。

豆

酱

豆酱是最常见的酱类，除了烹饪中用来调味，对于普通百姓而言，更是搭配粗糙饭食的重要食物。颜师古在《急就篇》的注释中说道："酱之为言将也，食之有酱，如军之须将，其率领而导之也。"酱在饮食中的地位就如同军队中的将领一般，可见豆酱举足轻重的作用。同时，豆类和豆制品也是古人补充蛋白质的重要来源。《合酱作》中，曾巩就是为了失去母亲照顾的年幼孩子能够吃得更有营养，才自己动手用盐、面、豆制作了酱。

而用豆和面做酱，早在先秦时期就已经广泛存在。《四民月令》记载："上旬炒豆，中旬煮之。以碎豆作'末都'，至六、七月之交，分以藏瓜。"关于豆酱的制作，还有一些忌讳，《风俗通义》和《论衡》中都说，不可在打雷时做酱，因为"雷声已发声作酱，令人腹内雷鸣"。其实这是古人有用的经验总结，因为雷雨天豆酱更容易发霉变质。

在今天的饮食活动中，豆酱以及其他各类酱制品，依然占有重要地位。

合酱作

北宋·曾巩

孺人舍我亡，稚子未堪役。

家居拙经营，生理见侵迫。

海盐从私求，厨面自官得。

拣豆连数晨，汲泉候将夕。

调挠遵古书，煎熬需日力。

庶以具藜藿，故将供脍食。

岂有寄径忧，提瓶无所适。

但惭著书非，覆瓿固其职。

译文

　　妻子舍我而去，先我而亡故，留下幼子没有人照顾。

　　在家闲居的我，不擅长筹划营造，生计日渐艰难。

　　海盐从私下购得，麦面则是官方发放。

　　连着几天从早到晚忙碌碌，挑选豆子、打来泉水。

　　遵照古书上所写的调和搅拌，又用了很多时间下锅熬煮。

平常多是吃藜羹这样的粗劣食物，所以才想做点酱，用来搭配细切的肉。

哪里有可以寄身的道路呢，提起瓶子却发现无处可去。

又惭愧自己撰写著述不成样子，只能用来盖酱罐，那才是适合它的位置。

小吃

樱桃煎

樱桃煎是由樱桃制成的蜜饯类制品。

宋代人喜欢食用蜜及蜜制品，因此蜜制果脯品种繁多、花样丰富。除了常见的甜味蜜饯，宋代还有"咸酸蜜煎"。宋代负责操办酒席的"四司六局"中便设有"蜜煎局"。《梦粱录》记载："蜜煎局，掌簇饤看盘果套山子、蜜煎像生窠儿。"《西湖老人繁胜录》中记载了当时各种各样的蜜饯："蜜金橘、蜜木瓜、蜜林檎、蜜金桃、蜜李子、蜜木弹、蜜橄榄、昌园梅、十香梅、蜜枨、蜜杏、珑缠茶果。"蜜饯中最高规格的是"雕花蜜煎"，《武林旧事》记载，张俊宴请高宗的宴席中，便有"雕花蜜煎一行：雕花梅球儿、红消花儿、雕花笋、蜜冬瓜鱼、雕花红团花、木瓜大段儿（花）、雕花金橘、青梅荷叶儿、雕花姜、蜜笋花儿、雕花枨子、木瓜方花儿。"可见制作人员的雕花技术十分高超。

而杨万里所写的樱桃煎，在《山家清供》中也记载了做法："要之其法，不过煮以梅水，去核捣印为饼，而加以白糖耳。"可能借助了模具，并多少运用了雕花的技艺，因此呈现的造型非常精美。樱桃本身略带酸味，经过蜜煎过程，既对樱桃的鲜嫩美味有所保留，又大为增加了甜味。不过在当时樱桃并非特别常见的水果，樱桃煎自然也不是普通人家的日常食物。

樱桃煎

南宋·杨万里

含桃丹更圜，轻质触必碎。

外看千粒珠，中藏半泓水。

何人弄好手，万颗捣虚脆。

印成花钿薄，染作冰澌紫。

北果非不多，此味良独美。

译文

樱桃一颗颗又红又圆，质地鲜嫩，轻轻触碰就会碎掉。

从外看来是一千粒晶莹的珠子，珠子中却藏满了汁水。

不知谁的技艺如此高妙，将这些樱桃捣碎。

做得如花钿一样薄，颜色看起来像是燃着冰凌的紫色。

北方的水果还是挺多样的，但樱桃煎的确是最难得的美味。

菊
花
糕

菊花糕就是重阳糕。重阳糕是宋代非常有特色的节令食品，且花色繁多、品种丰富，取"糕"与"高"同音，求吉利之意，美味的重阳糕也深受时人欢迎。

重阳糕在南朝时已有文字记载，尤其在宋人的笔记小说中，对重阳糕有非常丰富的描述。《东京梦华录·重阳》记载："前一二日，各以粉面蒸糕遗送，上插剪彩小旗，掺钉果实，如石榴子、栗子黄、银杏、松子肉之类。又以粉作狮子蛮王之状，置于糕上，谓之'狮蛮'。"可见重阳糕中还常加入各类坚果，上面还有小彩旗，以及狮子状的装饰。《梦粱录·九月》记载："此日都人店肆，以糖、面蒸糕，上以猪羊肉、鸭子为丝簇，插小彩旗，名曰'重阳糕'。"周密《武林旧事·重九》记载："都人是月饮新酒，泛萸，簪菊，且各以菊糕为馈，以糖肉、秫面杂糅为之，上缕肉丝、鸭饼，缀以榴颗，标以彩旗。又作蛮王狮子于上，及糜栗为屑，和以蜂蜜，印花脱饼，以为果饵。"

虽名为"菊花糕"，但在制作中，常有额外食材加入。如《岁时杂记》所载："重阳尚食糕……大率以枣为之，或加以栗，亦有用肉者。"重阳糕多以米粉、果实等为原料，糕上插五色小彩旗，夹馅印花。今天我国某些地区在重阳节时仍然有此俗。

南歌子·谢送菊花糕

南宋·王迈

家里逢重九，新篘熟浊醪。
弟兄乘兴共登高。
右手茱杯、左手笑持螯。

官里逢重九，归心切大刀。
美人痛饮读离骚。
因感秋英、饷我菊花糕。

译文

在家过九月初九重阳节，新酒和浊酒都有。

与家族兄弟一起兴致高昂地登山。

右手拿着有茱萸的杯子，左手拿着螃蟹的螯。

在官府里遇到重阳节，想要归家的念头犹如刀落般迅疾。

品性美好的人尽情喝酒，读诵离骚。

他因秋日盛开的菊花而感怀，还赠送我重阳时常吃的菊花糕。

丝

糕

今天的小吃丝糕，是用小米粉、玉米粉或面粉等加水搅拌，发酵后，蒸成的松软的食品。而从晁说之的诗句来看，显然宋代的丝糕与今日不同，宋代丝糕重在"丝"，制作时需要相当高超的技艺。

宋代诗人陈造有《谢韩干送丝糕》，篇幅颇长，对丝糕的书写颇为详细。言及"吴乡早粳莫计过"，所以丝糕使用的主体食材是粳米，该诗中诗人也自己作注，说制作丝糕不用糯米。"玉颗莹澈珠就磋"表明需要将粳米做成晶莹的珠状。而后是"银丝万寻忽萦积"，也就是说丝糕外表的丝是忽然形成的，速度快，成丝多，如同织女纺织云霞般精妙。在食用的时候，"琼酥玉腻信非匹，胡麻崖蜜仍相和"，所以吃丝糕时会搭配芝麻与蜂蜜，可想见其味道香甜，确实是"色香兼味皆可歌"。

张平叔家丝糕

北宋·晁说之

君家丝糕何处丝，三月晴天荡漾时。
茧头越女缫不得，却烦素手与晨炊。
客子千头万绪苦，方寸五绲谁得知。

　　你家丝糕上的丝是何处来的呢？是三月的晴天里，飘浮在空中的那种丝吗？

　　像是蚕茧上的丝，连越女也没法抽理蚕丝，还要劳烦白皙的手在清晨做饭。

　　我这个异乡人真是如丝糕般千头万绪，不知如何理出个头绪，谁能懂小小一块丝糕宛如缠有五丝。

一五三

酥

　　宋人日常所食的小吃中，酥的品类非常丰富。《武林旧事》中记载有"蜜麻酥"；《梦粱录》记载有"小鲍螺酥"；《吴氏中馈录》中还有"雪花酥"的制作方式："油下小锅化开，滤过，将炒面随手下，搅匀，不稀不稠，掇离火。洒白糖末，下在炒面内，搅匀，和成一处。上案，捍开，切象眼块。"更有将牛羊奶炼成的酥与其他食物混合制成新的食物，如善于制作美食的苏轼便将牡丹花蕊与牛酥一起煎，诗曰"未忍污泥沙，牛酥煎落蕊"。

　　在《谢张文老饷酥》中，晁公溯收到远方寄来的金城酥。金城酥又名兴平酥，在唐代便是贡品。《长安志》记载："京兆府岁贡兴平酥、咸阳梨，不列方物。"兴平酥颜色雪白，杜甫有诗赞叹"金城土酥净如练"。诗人收到来信和礼物后，急于回复，还没来得及尝酥，只是想象此酥味道甘甜香醇。但想象中所得的味道甚至胜过经过几道程序、由酪中炼出的醍醐。可见比起口腹之欲的满足，食物对精神的抚慰作用更大。

谢张文老饷酥

南宋·晁公溯

清晨坐堂上，忽得故人书。

近自玉垒州，远饷金城酥。

闻由笮都出，来与枸酱俱。

开视静如练，缄题投比珠。

甚知故人厚，痾中怜老夫。

岂惟减肺渴，兼可濡肠枯。

因之想风味，更过酪醍醐。

致此未足言，公才可时须。

似传滇池君，愿献汗血驹。

高有八尺龙，次有一丈乌。

论功当作颂，请歌马斯徂。

译文

早晨坐在公堂上，忽然收到了老朋友寄来的书信。

近的是从玉垒州寄来的，远的有从金城寄过来的酥。

听说是产自笮都，要与蒟酱一起食用。

打开一看，金城酥柔软洁白像练

一样，张文老寄来的一封封书信像珠玉一样。

我深深知道老朋友的深情厚谊，他可怜我这个衰朽的老年人。

这不只减少燥热思饮，也可以滋润干枯的肠。

想象酥的美味，应该胜过从酥酪中提制出的油。

写到这里想说的话还没有说够，张文老有与三公相当的才能，只待合适的时机。

就像传言云南滇池那边，愿意进献汗血宝马。

汗血宝马身高八尺以上，也有像五代时期梁太祖的一丈乌那样的骏马。

应当按这些马的功劳作颂记载，来歌颂这些马。

汤

圆

关于元宵节吃汤圆的习俗，最早的明文记载见于宋代。周必大言"前辈似未尝赋此"，可见那时及之前关于汤圆的诗词书写还不多。当时汤圆又叫元子、圆子、团子、汤团、浮圆子等。

宋代非常看重元宵节，元宵节的节令饮食当然远不止汤圆。《武林旧事》记载，每逢元宵节，"节食所尚，则乳糖圆子、馉饦、科斗粉、豉汤、水晶脍、韭饼，及南北珍果，并皂儿糕、宜利少、澄沙团子、滴酥鲍螺、酪面、玉消膏、琥珀饧、轻饧、生熟灌藕、诸色花缠、蜜饯、蜜果、糖瓜蒌、煎七宝姜豉、十般糖之类"。其中"乳糖圆子"便是汤圆的一种。

这里列举的绝大多数节令饮食，今人已觉陌生，而寓意团圆的汤圆则跨越千年，在今天渐渐成为元宵节最具代表性的食物，并在日常饮食生活中占据了重要的位置。

元宵煮浮圆子前辈似未尝
赋此坐间成四韵

南宋·周必大

今夕知何夕，团圆事事同。

汤官寻旧味，灶婢诧新功。

星灿乌云里，珠浮浊水中。

岁时编杂咏，附此说家风。

译文

今天是什么日子呢，家家户户都在讲求团圆。

专门负责做饼饵的汤官寻得了旧时的味道，而女厨工则惊诧于新的配方。

煮好的汤圆就像星星在乌云中闪烁，一颗颗汤圆像明珠一样浮动在浓浊的汤水中。

这时节也随事吟咏作诗，顺应时节说说家风。

水

果

荔

枝

荔枝是文人墨客喜爱的对象，有相当丰富的古代典故和文人逸事与荔枝相关。早在汉代，司马相如的《上林赋》中便言及荔枝。因荔枝产于岭南，所以中土的文人所得的荔枝，多是进贡到朝廷的贡品，属于十分名贵的水果品类，并非一般人可以享用。

薛涛在《忆荔枝》中，直言自己对曾经吃过的荔枝念念不忘。而对于荔枝的味道，众多诗人都不吝赞美，如张九龄称赞荔枝的味道"味特甘滋，百果之中，无一可比"，白居易更是直言"嚼疑天上味，嗅异世间香。润胜莲生水，鲜逾橘得霜"。当然荔枝的盛名更与"一骑红尘妃子笑，无人知是荔枝来"的杨贵妃，以及"日啖荔枝三百颗，不辞长作岭南人"的苏轼有关。而历代对荔枝的重视从众多版本的荔枝相关著述也可以窥见，包括蔡襄的《荔枝谱》、宋代无名氏的《增城荔枝谱》、郑熊的《广中荔枝谱》、吴应逵的《岭南荔枝谱》等。而在原产地岭南一带，荔枝具有非比寻常的地位。今天，荔枝依然是"岭南四大名果"之首，有"岭南果王"的称号。另外，地方戏剧潮剧传世的最古剧本便叫《荔枝记》。

荔枝与樱桃一样，一般是宫中权贵才有机会得尝的水果，而今天的荔枝早已"走入寻常百姓家"。便捷的交通和商品经济的繁荣，使得我们即使远离岭南，也可以吃上新鲜的岭南荔枝。

忆荔枝

唐·薛涛

传闻象郡隔南荒，绛实丰肌不可忘。
近有青衣连楚水，素浆还得类琼浆。

译文

听闻象郡在荒凉遥远的岭南，而那里出产的荔枝，那红色的果实、丰盈的果肉让人难以忘记。

我家附近有青衣江，青衣江下游连着楚地的河流，荔枝的果汁还是只有那里的美酒才可以相比。

石

榴

石榴是张骞出使西域时带回中土的，当时石榴又被称作安石榴。《博物志》云："汉张骞出使西域，得涂林安石国榴种归，故名安石榴。"

魏晋南北朝时期，有四篇《石榴赋》、六篇《安石榴赋》，与当时其他被文人关注的水果如葡萄、荔枝等比较，便可发现，石榴受到的偏爱相当明显。荔枝和樱桃等受欢迎的程度在后世的诗词中则更胜一筹。这可能与石榴并非贡品有关，石榴移植之后，生长情况良好，《封氏见闻记》记载："汉代张骞自西域得石榴、苜蓿之种，今海内遍有之。"石榴成了如潘岳所言的"天下之奇树，九州之名果"。

石榴还有药用价值，陶弘景记载石榴"有甜、酢二种，医家惟用酢者之根、壳。榴子乃服食者所忌"。另外，古人也认为石榴有解酒的功效。同时，石榴对中国人来说，也是吉祥果。石榴籽挤在一起，热热闹闹，好似人丁兴旺，古人便将多子多福的美好希冀寄托其中。

庭榴

北宋·杨亿

得种从西域，移根在帝乡。

鲜葩猩染血，美味蔗为浆。

入献殊诸果，敷荣后众芳。

丹房高照日，绿叶半凋霜。

酿酒扶南国，题诗白侍郎。

浓阴兼茂实，相对度炎凉。

自注：

　　酿酒扶南国：扶南顿孙国人，取石榴汁溥盆中，数日成美酒。

　　题诗白侍郎：白刑部诗云唯有安石榴，当轩留寂寞。

译文

　　石榴的种子产自西域，将它移来种植在京城。

　　鲜艳的花朵像是染上了猩红的血，美味的果实像是甘蔗汁。

　　进贡到宫里与其他水果自是不同，开花的时节也比其他草木要稍后一些。

　　当红色的果实高高挂起时，绿色的枝叶大多已经因霜冻而凋零了。

　　扶南国用石榴汁酿美酒，白侍郎为石榴写诗。

　　浓密的阴凉和茂密的果实，从夏天一直延续到秋天。

枣

枣是我国历史悠久的传统水果之一，如王安石所言，在《豳风·七月》中就有"八月剥枣"的记载。《礼记·内则》记载的果实品类中，也包括枣："枣、栗、饴、蜜以甘之。"可见在当时枣主要被用作甜味调味品。《黄帝内经·素问》中提到"五果"，枣也是其中之一，另外四种是李、杏、栗、桃。可见枣在秦汉时期的宫廷和民间都已经广泛食用了。到了宋代，大枣也是市场上普遍售卖的水果之一。《东京梦华录》记载，中秋时节，"是时螯蟹新出。石榴、榅勃、梨、枣、栗、孛萄、弄色柑橘，皆新上市"。

除了味美，还有药效。古人很早便已经发现了红枣有养身益气功效，西晋傅玄的《枣赋》便写道："脆若离雪，甘如含蜜。脆者宜新，当夏之珍。坚者宜干，荐羞天人。有枣若瓜，出自海滨。全生益气，服之如神。"另外，由于"枣"音同"早"，在民间婚嫁时，常用来作为礼物，祝愿新人早生贵子。

赋枣

北宋·王安石

种桃昔所传，种枣予所欲。

在实为美果，论材又良木。

余甘入邻家，尚得馋妇逐。

况余秋盘中，快啖取餍足。

风包堕朱缯，日颗皱红玉。

贽享古已然，豳诗自宜录。

沆怀青齐间，万树荫平陆。

谁云食之昏，匪知乃成俗。

广庭觞圣寿，以此参肴蔌。

愿比赤心投，皇明傥予烛。

译文

种植的桃树是以前传下来的，而种植枣树才是我想要的。

枣树结的枣是美味的果实，枣树又是良好的木材。

大枣的香甜味飘到了邻居家，邻居馋嘴的妇人都要追逐过来。

何况到了秋天我的餐盘中可以放满枣子，我能够大快朵颐吃到饱。

在风的吹佛下枣树上结起了红色的枣，太阳下的枣就像红色的玉。

享受枣的美味自古以来早已有之，《诗经》中的《豳风·七月》就写过枣。

我心中缅怀山东地区大片大片荫盖着平原的枣树。

谁说吃枣让人头昏，吃枣可是民间大众认同的俚俗。

在宽阔的厅堂为皇帝举杯祝寿时，也将枣放在菜肴之间。

但愿我的赤诚之心也像红枣一样，能被皇帝的圣明照亮。

梨

梨也是我国传统水果之一，有多个品种。《太平御览》中列举了梨的优质品种："昔人言梨，皆以常山真定、山阳钜野、梁国睢阳、齐国临淄、巨鹿、弘农、京兆、邺都、洛阳为称。盖好梨多产于北土，南方惟宣城者为胜。"

虽然压沙寺梨不在其中，但其实压沙寺梨是宋代梨中名副其实的精品。压沙寺梨是压沙寺后的梨树所结之果，压沙寺是北宋著名的大寺，每年春天是赏梨花的绝佳景点。压沙寺和压沙寺梨以及梨花，在当时都负有盛名。虽然有成千上万株梨树，但毕竟产地仅局限寺庙旁，因此虽然驰名京城，并得北宋文人青睐，但并不像真定梨等传播那么广。元代诗人张弘范作有《压沙怀古》，叹惋"秦宫汉苑为功名，梵寺何由也废兴"。所以几乎只有北宋诗人，才熟知这种美味的梨。

北宋韩琦书写压沙寺相关的诗作就有六首，都是寒食清明时节的作品，可见当时文人士大夫热衷于春游压沙寺。黄庭坚的《压沙寺梨花》便赞叹"压沙寺后千株雪，长乐坊前十里香"，可见压沙寺梨具有相当大的种植规模。另一位北宋诗人晁补之也赞叹，每当梨花开时，"压沙寺里万株芳，一道清流照雪霜"。春赏梨花秋尝佳果，还可以参禅拜佛，真是视觉、味觉和精神上的多重享受。

压沙寺梨

北宋·韩琦

压沙千亩敌侯封，珍果诚非众品同。
自得嘉名过冰蜜，谁知精别有雌雄。
常滋沆瀣充肌脆，不假燕脂上颊红。
四海举皆推美味，任从潘赋纪张公。

　　压沙寺的千亩梨胜过被封侯，如此珍贵的水果与其他众多水果确实不同。

　　压沙寺梨有个好名字，胜过冰蜜，细细区分，压沙寺梨的确胜过其他普通梨。

　　受到露水滋养的压沙寺梨质地甘脆，不用借助胭脂，成熟的压沙寺梨表皮自然有淡淡的红色。

　　即便潘岳的《闲居赋》曾称赞张公梨，但天下都公认压沙寺梨最美味。

櫻

桃

櫻桃深受文人喜愛，詩詞中的櫻桃書寫非常豐富。

這種美味又美麗的水果，在相當長時期內，都不是普通人家購買的選項。早在《禮記·月令》中便記載："仲夏之月，天子羞以含桃，先薦寢廟。"表明櫻桃（即含桃）曾作為皇帝祭祀的供品。在唐代，櫻桃被譽為"初春第一果"，皇帝時常將櫻桃作為寶物賞賜給大臣，王維、白居易等詩人都對此有書寫。唐詩不光多書寫食用櫻桃的情形，唐代進士及第後，通常有一系列的慶祝宴會，其中便有專門的"櫻桃宴"。《唐摭言》記載："新進士尤重櫻桃宴。乾符四年，永寧劉公第二子覃及第……獨置是宴，大會公卿。時京國櫻桃初出，雖貴達未適口，而覃山積鋪席，復和以糖酪者，人享蠻榼小盎，亦不啻數升。"

在宋代，有幾種著名的櫻桃品種。《圖經本草》記載："櫻桃，洛中、南都者最勝，其實熟時深紅色、謂之朱櫻；紫色皮裡有細黃點者，謂之紫櫻，味最珍貴。又有正黃色者，謂之蠟櫻；小紅者，謂之櫻珠，味皆不及。"而古人尤其是唐人吃櫻桃時經常与乳酪同食，即梅尧臣所谓"味兼羊酪美"。同时樱桃为红色，古人认为其性热，所以吃的时候需要调和。王维的《敕赐百官樱桃》便说"饱食不须愁内热，大官还有蔗浆寒"。韩偓的诗句将此描绘得更有美感："蔗浆自透银杯冷，朱实相辉玉碗红。"

在天气渐渐炎热的时节，冰镇的蔗糖汁、红色的樱桃、美丽的食器，实在是赏心悦目，又饱人口福。

朱樱

北宋·梅尧臣

明珠摘木末，红露贮金盘。
始见侍臣赐，已为黄雀残。
味兼羊酪美，食厌楚梅酸。
苑囿东周盛，累累映叶丹。

译文

　　从树梢摘下来的樱桃就像明珠，然后用金属制成的美丽盛盘来盛放红色的樱桃。

　　樱桃常作为皇帝给廷臣的赏赐，也有些樱桃还在树上便被黄雀啄食。

　　樱桃与羊酪同食，便会觉得楚地产的梅子也酸了。

　　洛阳栽种果树的园林里，樱桃果实累累，把叶子都要映成红色了。

葡

萄

　　葡萄本产自西域，是张骞出使西域后才带回的。从那时开始，葡萄便深受权贵和文人骚客的喜爱。从文人关注程度的角度来看，从西域带回的水果中，石榴和葡萄是最受欢迎的，对这二者的书写也最丰富。作为西域物种，移植中土的葡萄在栽种和育种方面并不具有优势，今天葡萄最好的产区仍是在日照充足、降雨较少的新疆地区。清代李渔言及燕京一带的葡萄时，略带嫌弃地表示"葡萄无他长，只以不酸为贵；酸而带涩，不值半文钱矣"。所以在写到葡萄时，文人多会提及葡萄的西域出生，因为西域的葡萄确实甘甜味美，而中土移植的葡萄，情况未必理想。宋代的宋祁作有《右史院蒲桃赋》，便提及右史院的葡萄结的果实少，并推测"得非地以所宜为安，根以屡徙为危"。

　　而葡萄除了作为水果食用之外，更受诗人欢迎的则是葡萄酿制的葡萄酒。著名诗句诸如"葡萄美酒夜光杯"，"蒲萄酒，金叵罗，吴姬十五细马驮"等，不胜枚举。除了食用，在古人的铜镜、丝绸等物品上，也多有葡萄的图案。

葡萄

北宋·刘敞

蒲萄本自凉州域，汉使移根植中国。

凉州路绝无遗民，蒲萄更为中国珍。

九月肃霜初熟时，宝珰碌碌珠累累。

冻如玉醴甘如饴，江南萍实聊等夷。

汉时曾用酒一斛，便能用得凉州牧。

汉薄凉州绝可怪，今看凉州若天外。

译文

葡萄本来是从西域传入的，张骞出使西域后才将其带回中土。

凉州与中土道路阻绝，因此葡萄在中土地区便更受珍视。

每年九月霜降前后，葡萄开始成熟，粒粒成串，果实累累。

葡萄吃起来凉丝丝的如同甘泉，味道很甜如同吃糖，江南的各种美味水果约略可以相比。

汉代的孟佗曾用一斗葡萄酒贿赂张让，以此换得了凉州刺史的官职。

汉代时看轻凉州真是令人诧异，如今看凉州真是天上人间。